牛乳が食卓から消える？

酪農危機をチャンスに変える

鈴木 宣弘 著

筑波書房

はじめに

最近，繰り返し訪れる「バターが足りない」現象。規制改革会議は，その原因は「岩盤規制」だと言う。酪農家の生乳を一元的に集荷する組織を指定する「指定団体制度」のせいで自由な販売ができずに，酪農家の所得が低迷するのだと指摘する。また，国家貿易による一元輸入が機動的なバター輸入を阻害するため，不足が解消できないと指摘する。本当だろうか。

欧米では，牛乳を守ることは国民の命を守ることである。酪農は世界で最も保護度が高い食料部門だと言われているが，その理由について筆者の米国の友人のコーネル大学教授は，「欧米で酪農の保護度が高い第一の理由は，ナショナル・セキュリティ，つまり，牛乳の供給を海外に依存したくないということだ」と言っていた。同様にフロリダ大学の教授も，「生乳の秩序ある販売体制を維持する必要性から，米国政府は酪農をほとんど電気やガスのような公益事業として扱っており，外国によってその秩序が崩されるのを望まない」と言っていた。つまり，国民にとって不可欠な牛乳は絶対に自国でまかなうという国家としての断固とした姿勢が政策に表れている。

だから，米国では，連邦ミルク・マーケティング・オーダー（牛乳販売命令とか販売秩序とか訳される）で，酪農家に最低限支払われるべき加工原料乳価は連邦政府が決め，飲用乳価に上乗せすべきプレミアムも2,600の郡別に政府が設定している。さらに，2014年から「乳代－エサ代」に最低限確保すべき水準を示して，それを下回ったら政府からの補填が発動されるシステムも完備した。

カナダでは，MMB（ミルク・マーケティング・ボード）を経由しない生乳は流通できない。そうしないと法律違反で起訴される。酪農団体とメーカーはバター・脱脂粉乳向けの政府支持乳価の変化分だけ各用途の取引乳価を自動的に引き上げていく慣行になっており，実質的な乳価交渉はない。

こうしてみると，日本の酪農は世界的に見ても，もっとも制度的な支援体系が手薄いと言える。それなのに，過保護な日本酪農の規制を撤廃すれば，酪農所得が向上し，バターも牛乳も安定的に供給できると言うが，逆であろう。このようなことを続けたら，酪農所得はさらに減り，バターだけでなく，飲用乳さえ小売店頭から消えかねない。

反面教師はMMBを解体した英国だ。酪農家が分断され，大手スーパーと多国籍乳業とに買いたたかれ，乳価が暴落し，酪農家の暴動まで起きた。規制緩和が正当化できるのは，市場のプレイヤーが市場支配力を持たない場合であり，小売のマーケットパワーが強い市場では，規制緩和は市場の歪みを増幅し，買いたたきを助長して，生産者をさらに苦しめる。買手側からすれば，それこそが狙いなのである。その人達が「酪農家の所得向上のため」に指定団体を廃止すべきとはよく言ったものである。大手小売の「不当廉売」と「優越的地位の濫用」こそ，独禁法上の問題にすべきである。

国際的には，2015年10月に難航したTPP（環太平洋連携協定）が大筋合意され，国会決議では，交渉から「除外」することとされていた牛乳・乳製品についても「除外」されず，バター・脱脂粉乳の低関税輸入枠の拡大，調製食用脂（バターとマーガリンを混ぜたもの）とチーズの関税撤廃・削減，ホエイの関税撤廃，乳製品を使用した菓子類の関税撤廃などが約束され，酪農・乳業への影響が懸念される。

「こんな酷い合意をしてしまったのか」という地域の怒りが湧きあがってきたので，「影響試算を出すのはちょっと待て。国内対策（金目）を先に出して沈静化を図れ」ということになった。この国内対策も，現場の人たちの意見を聞いて決めたということになっているが，内幕は驚きだ。酪農団体が「乳製品にもセーフティネット政策を入れてもらわないと『バターが足りない』だけでは済まなくなる」という趣旨の要望を書いていたのを事前に見た政権党の幹部が激怒して，「こんなできもしない要求をすることも許すな。酪農には，とっくに生クリーム向けの生乳に補給金を復活することしかやらないと決めてあるのだ」と，役所の幹部に「君らが行って，これを消させてこい」

と指示したという。

そして，ようやく2015年のクリスマスに出された影響試算には唖然とした。影響がどれだけあるかを計算して，だからこれだけの対策が必要だというのが順序だが，それを逆転させて，「影響がないように対策をするから影響はないのだ」と言い張っているに過ぎない。日本政府はTPPによる酪農分野の生産減少額は198～291億円と試算しているが，米国政府は米国から日本への乳製品輸出が587億円増えると試算している。米国だけでなく，豪州，ニュージーランド，カナダなどからの輸出増も考慮すると，日本政府の影響試算が相当な過小評価である可能性が高い。

このように，内外の酪農・乳業を取り巻く情勢は厳しいが，そういう中でも，我々は未来への展望を持たねばならない。そこで，今後の我が国の酪農・酪農協・乳業のあり方と，それをサポートする政策体系を検討するのが本書である。とりわけ，「貿易自由化がある程度進行しても，中長期的には需給逼迫によって国際乳製品価格が上昇し，日本の牛乳・乳製品も競争力を持ってくる」可能性について検証する。つまり，今を凌いで生産を維持・拡大していくことにより将来展望は開けるのではないか，ということである。そのためには，米国の「乳代－エサ代」の最低限のマージン補償のような政策発動が予見可能なシステムを構築し，酪農・乳業の将来計画が立てられるようにすることが不可欠ではないか。内外価格差の縮小によって財政負担額も軽減できる。こうした可能性を示したい。

目　次

はじめに …… 3

第１章　酪農指定団体制度廃止の真意 …… 9
「酪農家のため」はうそ …… 9
指定団体廃止は理論的に間違い …… 9
英国で起きた乳価暴落の教訓 …… 10
根っこはひとつ …… 11

第２章　何が問題なのか―2014年のバター不足が投げかけたこと― …… 12
長期的な酪農所得の低迷 …… 12
固定的補給金の限界 …… 18
需給調整機能の負担 …… 19
小売からの川上部門へのしわ寄せ …… 20
将来計画が立てられる最低限の経営安定メカニズム―重要なのは「予見可能性」― …… 20
今が現場の踏ん張りどころ …… 20

第３章　牛乳・牛肉についての政府のTPP影響試算
―「影響がないように対策するから影響なし」の検証― …… 22
影響試算の考え方と比較 …… 22
酪農 …… 24
牛肉 …… 29
酪農・肥育牛における収益性分析 …… 31

第４章　不当な牛乳の価格形成を助長させてはならない …… 34
生産者の取り分は「不当に」低い …… 34
生乳流通・取引体制検討の欠落点―最大の問題にメス入れず― …… 34
取引交渉力の不均衡 …… 35
不完全な市場の規制緩和は不当な価格形成を助長する …… 36
不完全な市場は民間任せでなく公正な取引のための政策介入が必要 …… 36
生産調整から販売調整へ …… 37

第５章　欧米における酪農の位置づけに学ぶ …… 38
2014年農業法による米国酪農政策の強化―米国の酪農収入保険の真実― … 39
英国で起きた大手スーパー，多国籍乳業の市場支配力の助長 …… 44
Tescoによる生産者のグループ化をどう評価するか …… 48
EUにおける「ミルク・パッケージ」 …… 49
対照的なカナダ―「三方よし」の価格形成― …… 50

第６章　今を凌げば，適切な政策措置と現場の努力で日本酪農の未来は開ける …… 54
中長期的な乳製品需給の逼迫基調 …… 54
欧米にとって酪農は「公益事業」，まさに「聖域」 …… 55
世界の乳価が日本水準に近づいてくる …… 55
全面的にプール乳価に基づく補填に切り替えるのが社会的にベスト …… 57
小売の買いたたきが放置されると乳価が酪農家に還元されない …… 59
生・処・販と消費者のすべてが幸せなカナダの価格形成を見習え …… 60
欧米は政策の役割を明確に提示している―日本は場当たり的で現場が計画立てられない― …… 61
加工原料乳価１円引き上げに20億円，飲用乳価でも40億円 …… 62

第７章　本当に「強い酪農」を目指して …… 65
自分たちの食は自分たちが守る―「高くてもモノが違うからあなたのものしか食べたくない」― …… 65
本物の品質 …… 67
牛の健康がすべてにつながる …… 69
遺伝子組み換え牛成長ホルモン …… 70
発想の転換―「家族経営」とは何か― …… 72
海外の飼料には頼れなくなってくる …… 74
「今だけ，金だけ，自分だけ」＝「３だけ主義」の克服 …… 76

おわりに―2010年の指摘から現在までの変化― …… 80

第1章　酪農指定団体制度廃止の真意

「酪農家のため」はうそ

政府の規制改革会議・農業ワーキンググループが2016年３月末に公表した指定団体制度廃止の提言に対しては，酪農乳業界が騒然となり，４月に自民党が「指定団体制度廃止の回避」を決議し，農水省なども反対しているが，官邸やその「取り巻き」が簡単に諦めるわけはなく，今後の展開は予断を許さない。むしろ，必ず実現するとの強い意思表示がなされたと見るべきなのが，農協解体の遂行をやりとげるための2016年６月の農水省の異例の次官人事とともに，所管の局長や所管の課長までが更迭されたことからもわかる。

それにしても，規制改革会議という法的位置づけもない諮問機関に「３だけ主義」（今だけ，金だけ，自分だけ）の仲間だけを集めて，一部の利益のために国の方向性を一方的に勝手に決めてしまう流れは不公正かつ危険極まりなく，これ以上の暴走を許すわけにはいかない。

「酪農家の選択肢を増やして所得向上につなげる」ことを名目にしているが，そんなつもりがあるわけがない。だから，「指定団体を廃止すると酪農家の所得が増える」理由が説明されていないと批判しても意味はない。彼らの真の目的は，もっと牛乳を買いたたくことである。

指定団体廃止は理論的に間違い

そもそも，腐敗しやすい生乳が小さな単位で集乳・販売されていたのでは，極めて非効率で，酪農家も流通もメーカーも小売も混乱し，消費者に安全な牛乳・乳製品を必要なときに必要な量だけ供給することは困難になる。だからこそ，まとまった集送乳・販売ができるような組織・システムが不可欠であり，そのような生乳流通が確保できるように政策的にも後押しする施策体系が採られているのは，世界的にも多くの国に共通している。

そして，腐敗しやすい生乳が小さな単位で集乳・販売されていたのでは，買いたたかれる。この取引交渉力のアンバランスが生乳市場の特質である。まとまった販売力がなければ，酪農家が疲弊し，安定供給はできなくなる。だからこそ，共販が不可欠である。それを崩してしまったらどうなるか。

だから，生乳市場では，経済学的にも，規制緩和は正当化されない。規制緩和が正当化されるのは，市場のプレイヤーが市場支配力を持たない場合であり，市場支配力を持つ（買手の取引交渉力が強い）市場では，規制緩和が不公正な価格形成を助長する。しかし，買手側からすれば，そこが狙いなのである。

我々の試算では，のちに詳しく見るように，我が国では，メーカー対スーパーの取引交渉力の優位度は，ほとんど０対１で，スーパーがメーカーに対して圧倒的な優位性を発揮している。一方，酪農協対メーカーの取引交渉力の優位度は，最大限に見積もって，ほぼ0.5対0.5，最小限に見積もると0.1対0.9で，メーカーが酪農協に対して優位である可能性が示されている。

今でも小売に「買いたたかれ」ているのに，「対等な競争条件」の実現のために，生産者に与えられた共販の独禁法適用除外をやめるべきだという議論は，今でさえ不当な競争条件をさらに不当にし，小売に有利にするものであり，市場の歪みを是正するどころか悪化させる，誤った方向性であることを改めて認識しないといけない。逆に，大手小売の「不当廉売」と「優越的地位の濫用」こそ，独禁法上の問題にすべきである。

英国で起きた乳価暴落の教訓

その結果何が起こるかは歴史が証明している。英国は大手スーパーと多国籍乳業の独占的地位の濫用にメスを入れずに，生産者サイドの独占を許さないとして法的に一元集荷の役割を付与されたMMB（ミルク・マーケティング・ボード）を解体したため，酪農家が分断され，乳価が暴落した。「対等な競争条件」にして市場の競争性を高めるというのは単なる名目で，実際には，まったく逆に，生産者と小売・多国籍乳業との間の取引交渉力のアンバランスの拡大による市場の歪みをもたらしたのである。

我が国でも，多国籍乳業による酪農家への技術協力などの支援から始まり，酪農家を個別に取り込んでいく，将来的な直接契約を視野に入れた動きが出てきている。すでに，流通大手との連携も進んでおり，今後，国内の既存の乳業メーカーとの提携は，買収といった動きにも転換していくだろう。そういう流れからも指定団体制度はじゃまなのである。

また，（株）MMJのような取引は，指定団体制度によって安定した乳価形成と取引があるから，それをベースにして独自ブランド牛乳を売りたいといったような酪農家の個別要求に応えるビジネスとして，役割分担して「共存」できるのであり，指定団体制度がなかったら，MMJ的ビジネスは成立しないということを考える必要がある。

根っこはひとつ

イコール・フッティング（対等な競争条件）の名目の下に「一部の企業利益の拡大にじゃまなルールや仕組みは徹底的に壊す，または都合のいいように変える」ことを目的として，人々の命，健康，暮らし，環境よりも，ごく一部の企業の経営陣の利益を追求するのがTPP，規制「改革」の本質である。規制緩和し，「対等な競争条件」を実現すれば，みんなにチャンスが増えるとして，国民の命や健康，豊かな国民生活を守るために頑張っている人々や，助け合い支え合うルールや組織を「既得権益を守っている」「岩盤規制だ」と攻撃して，それを壊して自らの利益のために市場を奪おうとしている「３だけ主義」の人々の誘導を見落としてはならない。

TPP（環太平洋連携協定）もなし崩し的に進められ，農業所得のセーフティネットも崩され（酪農所得補償制度の議論も消え），米価下落も，バター不足の根底にある酪農家の窮状も放置され，関連組織も解体されつつあり，いまや，「岩盤規制の撤廃」の名目の下に日本の農業・農村に対する「総攻撃」の様相を呈している。

第2章　何が問題なのか
—2014年のバター不足が投げかけたこと—

長期的な酪農所得の低迷

今回のバター不足の背景には，酪農家の所得が十分に確保できない状況が長年続いていることが根本要因としてある（図1）。搾乳牛1頭当たり所得が1円減ると搾乳牛飼養総頭数が2頭減る明瞭な関係が図1のデータから読み取れる。

生乳は，まず，必需性・腐敗性が高いため価格も高い飲用向けが確保されるので，需給がひっ迫基調になると，まず日持ちがして余乳処理的な用途に位置づけられるバターなどでの不足が顕在化する。

実は，飼料の高騰やTPP不安が顕在化する以前の2000～2005年のデータでも，大規模層でも生産縮小，廃業が増え始め，やめた経営の分を残った経営

図1　搾乳牛1頭当たり所得と総飼養頭数との関係

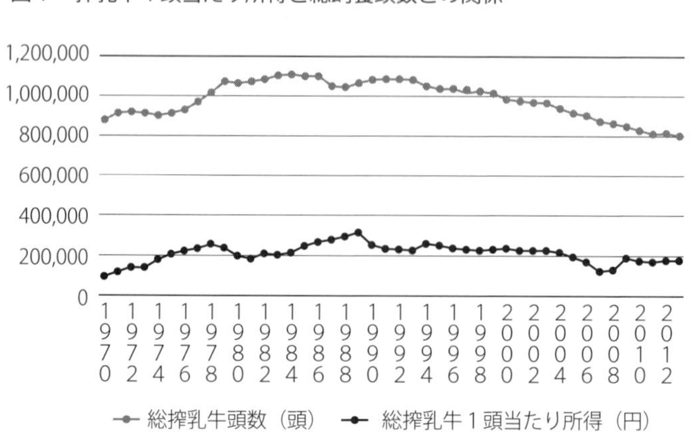

表１　規模階層間の農家移動割合（北海道）

		n+5 年　継続農家									平均飼養頭数
		0	1～4	5～9	10～14	15～19	20～29	30～49	50～99	100 頭以上	
n年継続農家	0	0.998	0.000	0.000	0.000	0.000	0.000	0.000	0.000	0.000	0
	1～4	0.820	0.090	0.030	0.008	0.000	0.015	0.015	0.015	0.008	2.3
	5～9	0.646	0.034	0.231	0.041	0.020	0.014	0.000	0.014	0.000	7.0
	10～14	0.526	0.035	0.096	0.197	0.057	0.026	0.018	0.039	0.004	11.6
	15～19	0.380	0.009	0.045	0.149	0.176	0.122	0.063	0.050	0.005	16.8
	20～29	0.307	0.021	0.020	0.049	0.077	0.326	0.150	0.048	0.001	24.4
	30～49	0.177	0.007	0.006	0.008	0.010	0.073	0.541	0.173	0.006	39.8
	50～99	0.084	0.002	0.002	0.002	0.003	0.008	0.130	0.689	0.080	66.7
	100 頭以上	0.067	0.006	0.001	0.001	0.001	0.004	0.010	0.189	0.721	139.4

資料：新堂順久試算。酪農総合研究所と東大鈴木研究室との共同研究の成果の一部。表 2～9も同じ。

表２　規模階層間の農家移動割合（東北）

		n+5 年　継続農家									平均飼養頭数
		0	1～4	5～9	10～14	15～19	20～29	30～49	50～99	100 頭以上	
n年継続農家	0	0.999	0.001	0.000	0.000	0.000	0.000	0.000	0.000	0.000	0
	1～4	0.746	0.195	0.046	0.003	0.003	0.002	0.003	0.002	0.000	2.6
	5～9	0.407	0.150	0.367	0.053	0.011	0.008	0.004	0.000	0.000	6.9
	10～14	0.264	0.041	0.282	0.314	0.079	0.016	0.004	0.000	0.000	11.9
	15～19	0.179	0.010	0.086	0.248	0.337	0.117	0.018	0.005	0.000	16.6
	20～29	0.121	0.004	0.027	0.077	0.173	0.491	0.101	0.006	0.000	23.5
	30～49	0.082	0.003	0.004	0.011	0.016	0.177	0.626	0.078	0.004	36.6
	50～99	0.091	0.006	0.000	0.003	0.003	0.018	0.233	0.610	0.036	61.2
	100 頭以上	0.222	0.000	0.000	0.000	0.000	0.000	0.000	0.370	0.407	124.3

表３　規模階層間の農家移動割合（北陸）

		n+5 年　継続農家									平均飼養頭数
		0	1～4	5～9	10～14	15～19	20～29	30～49	50～99	100 頭以上	
n年継続農家	0	1.000	0.000	0.000	0.000	0.000	0.000	0.000	0.000	0.000	0
	1～4	0.757	0.135	0.081	0.000	0.000	0.027	0.000	0.000	0.000	3.3
	5～9	0.473	0.162	0.311	0.041	0.000	0.014	0.000	0.000	0.000	7.1
	10～14	0.373	0.045	0.224	0.284	0.030	0.015	0.030	0.000	0.000	11.5
	15～19	0.256	0.012	0.012	0.280	0.317	0.122	0.000	0.000	0.000	16.9
	20～29	0.197	0.000	0.049	0.049	0.141	0.486	0.056	0.021	0.000	23.9
	30～49	0.164	0.005	0.000	0.005	0.028	0.183	0.577	0.038	0.000	36.5
	50～99	0.171	0.000	0.000	0.012	0.012	0.024	0.207	0.561	0.012	62.8
	100 頭以上	0.000	0.000	0.000	0.000	0.000	0.000	0.000	0.111	0.889	117.4

表4　規模階層間の農家移動割合（関東・東山）

		n+5年　継続農家									平均飼養頭数
		0	1～4	5～9	10～14	15～19	20～29	30～49	50～99	100頭以上	
n年継続農家	0	1.000	0.000	0.000	0.000	0.000	0.000	0.000	0.000	0.000	0
	1～4	0.751	0.180	0.034	0.011	0.011	0.004	0.008	0.000	0.000	2.8
	5～9	0.604	0.084	0.263	0.027	0.007	0.006	0.007	0.001	0.000	7.1
	10～14	0.433	0.030	0.258	0.201	0.049	0.009	0.017	0.003	0.000	11.6
	15～19	0.337	0.015	0.111	0.236	0.202	0.075	0.018	0.006	0.000	16.7
	20～29	0.214	0.005	0.021	0.086	0.186	0.411	0.067	0.009	0.002	23.9
	30～49	0.082	0.003	0.003	0.015	0.025	0.191	0.606	0.071	0.003	36.8
	50～99	0.071	0.002	0.001	0.005	0.000	0.021	0.243	0.603	0.053	61.4
	100頭以上	0.148	0.000	0.000	0.000	0.009	0.009	0.000	0.139	0.694	160.5

表5　規模階層間の農家移動割合（東海）

		n+5年　継続農家									平均飼養頭数
		0	1～4	5～9	10～14	15～19	20～29	30～49	50～99	100頭以上	
n年継続農家	0	1.000	0.000	0.000	0.000	0.000	0.000	0.000	0.000	0.000	0
	1～4	0.813	0.156	0.031	0.000	0.000	0.000	0.000	0.000	0.000	2.6
	5～9	0.667	0.087	0.217	0.029	0.000	0.000	0.000	0.000	0.000	7.2
	10～14	0.565	0.037	0.241	0.111	0.028	0.000	0.019	0.000	0.000	11.7
	15～19	0.458	0.025	0.042	0.178	0.203	0.068	0.025	0.000	0.000	16.7
	20～29	0.320	0.009	0.025	0.082	0.172	0.317	0.066	0.009	0.000	24.1
	30～49	0.188	0.007	0.002	0.023	0.026	0.139	0.532	0.077	0.005	37.5
	50～99	0.130	0.000	0.003	0.000	0.000	0.017	0.208	0.584	0.058	64.0
	100頭以上	0.206	0.000	0.000	0.000	0.000	0.000	0.000	0.132	0.662	147.5

表6　規模階層間の農家移動割合（近畿）

		n+5年　継続農家									平均飼養頭数
		0	1～4	5～9	10～14	15～19	20～29	30～49	50～99	100頭以上	
n年継続農家	0	1.000	0.000	0.000	0.000	0.000	0.000	0.000	0.000	0.000	0
	1～4	0.756	0.134	0.085	0.000	0.012	0.012	0.000	0.000	0.000	2.5
	5～9	0.538	0.119	0.275	0.044	0.019	0.000	0.006	0.000	0.000	6.8
	10～14	0.460	0.006	0.215	0.245	0.043	0.018	0.006	0.000	0.006	11.6
	15～19	0.284	0.007	0.082	0.246	0.299	0.082	0.000	0.000	0.000	16.6
	20～29	0.242	0.013	0.010	0.101	0.165	0.370	0.098	0.000	0.000	23.4
	30～49	0.159	0.005	0.003	0.021	0.031	0.178	0.564	0.034	0.005	37.1
	50～99	0.137	0.000	0.000	0.008	0.008	0.008	0.206	0.603	0.031	63.6
	100頭以上	0.200	0.000	0.000	0.000	0.000	0.000	0.050	0.250	0.500	146.4

表7　規模階層間の農家移動割合（中国）

		n+5年　継続農家									平均飼養頭数
		0	1〜4	5〜9	10〜14	15〜19	20〜29	30〜49	50〜99	100頭以上	
n年継続農家	0	0.999	0.000	0.000	0.000	0.000	0.000	0.000	0.000	0.000	0
	1〜4	0.814	0.140	0.029	0.000	0.012	0.006	0.000	0.000	0.000	2.3
	5〜9	0.612	0.082	0.267	0.030	0.004	0.004	0.000	0.000	0.000	7.0
	10〜14	0.560	0.026	0.183	0.194	0.021	0.010	0.005	0.000	0.000	11.7
	15〜19	0.317	0.006	0.090	0.210	0.287	0.084	0.006	0.000	0.000	17.0
	20〜29	0.173	0.003	0.031	0.089	0.155	0.448	0.089	0.013	0.000	23.8
	30〜49	0.115	0.004	0.006	0.012	0.034	0.203	0.559	0.062	0.006	37.0
	50〜99	0.159	0.000	0.000	0.007	0.000	0.021	0.179	0.607	0.028	64.1
	100頭以上	0.357	0.000	0.000	0.000	0.000	0.000	0.000	0.179	0.464	133.5

表8　規模階層間の農家移動割合（四国）

		n+5年　継続農家									平均飼養頭数
		0	1〜4	5〜9	10〜14	15〜19	20〜29	30〜49	50〜99	100頭以上	
n年継続農家	0	1.000	0.000	0.000	0.000	0.000	0.000	0.000	0.000	0.000	0
	1〜4	0.758	0.161	0.048	0.032	0.000	0.000	0.000	0.000	0.000	2.7
	5〜9	0.529	0.134	0.269	0.042	0.000	0.017	0.008	0.000	0.000	7.2
	10〜14	0.451	0.000	0.256	0.203	0.068	0.015	0.000	0.008	0.000	11.6
	15〜19	0.282	0.007	0.107	0.255	0.255	0.087	0.007	0.000	0.000	16.7
	20〜29	0.255	0.012	0.016	0.093	0.174	0.336	0.101	0.012	0.000	23.6
	30〜49	0.118	0.000	0.004	0.017	0.017	0.249	0.527	0.063	0.004	37.1
	50〜99	0.130	0.000	0.000	0.010	0.000	0.020	0.310	0.490	0.040	63.5
	100頭以上	0.385	0.000	0.000	0.000	0.000	0.000	0.000	0.231	0.385	146.5

表9　規模階層間の農家移動割合（九州）

		n+5年　継続農家									平均飼養頭数
		0	1〜4	5〜9	10〜14	15〜19	20〜29	30〜49	50〜99	100頭以上	
n年継続農家	0	0.999	0.000	0.000	0.000	0.000	0.000	0.000	0.000	0.000	0
	1〜4	0.947	0.018	0.018	0.011	0.007	0.000	0.000	0.000	0.000	2.5
	5〜9	0.675	0.067	0.183	0.033	0.008	0.013	0.017	0.004	0.000	6.9
	10〜14	0.512	0.020	0.149	0.207	0.054	0.034	0.024	0.000	0.000	11.8
	15〜19	0.337	0.006	0.067	0.217	0.240	0.117	0.015	0.000	0.000	16.7
	20〜29	0.206	0.004	0.017	0.040	0.181	0.438	0.102	0.012	0.000	24.0
	30〜49	0.116	0.001	0.005	0.013	0.017	0.160	0.574	0.106	0.008	37.1
	50〜99	0.077	0.000	0.002	0.000	0.000	0.017	0.211	0.598	0.096	64.4
	100頭以上	0.254	0.000	0.000	0.000	0.000	0.015	0.000	0.149	0.582	139.2

表 10　全国品目別作付面積（飼養頭数・羽数）指数の予測結果の比較

品目別	2010 年	2015 年	2020 年	2025 年	2030 年	2035 年	2040 年	2045 年	2050 年
コメ	100.00	93.19	88.37	84.85	82.15	79.91	77.91	76.00	74.11
	100.00	93.83	88.46	83.60	79.10	74.83	70.74	66.80	62.99
小麦	100.00	71.06	58.38	52.74	49.67	47.61	46.03	44.74	43.66
	100.00	108.86	115.25	119.37	121.43	121.69	120.42	117.89	114.36
大豆	100.00	99.47	93.38	85.42	77.56	70.64	64.88	60.21	56.51
	100.00	100.00	94.88	87.07	78.14	69.11	60.51	52.63	45.60
果樹	100.00	88.04	77.64	68.62	60.81	54.05	48.19	43.10	38.67
	100.00	87.21	76.19	66.64	58.34	51.12	44.83	39.35	34.57
野菜	100.00	85.99	73.26	62.18	52.75	44.81	38.19	32.68	28.10
	100.00	89.87	80.12	71.02	62.68	55.16	48.43	42.47	37.21
乳用牛	100.00	81.48	66.41	54.21	44.38	36.56	30.26	25.23	21.27
	100.00	87.10	75.82	66.01	57.51	50.18	43.87	38.13	33.75
肉用牛	100.00	79.87	64.53	52.64	43.52	36.37	30.87	26.49	23.05
（肥育中）	100.00	81.44	66.87	55.31	46.05	38.57	32.49	27.52	23.44
豚	100.00	75.65	58.10	45.45	36.25	29.43	24.37	20.75	18.02
	100.00	71.49	51.77	38.11	28.62	21.99	17.32	13.99	11.59

資料：2010 年世界農林業センサス，2005 年農林業センサス，農林水産省統計情報・作況調査および畜産統計調査より JC 総研客員研究員姜薈さんによる推計。
注：1）各品目の上段は 2005 と 2010 年世界農林業センサスの個票データから JC 総研客員研究員姜薈さんが独自集計して算出，下段は 2005 年農林業センサスのデータに基づく推計。
2）下段の指数の中で，小麦，大豆，野菜，果樹の指数は 2005 年農林業センサスの全国データによる推計で，コメ，乳用牛，肉用牛と豚は 2005 年農林業センサスの農業地域別データを利用した推計である。

の生産拡大でカバーして総生産が増加する構造は維持できなくなっていた（表１～９）。

表10のように，2000～2005年の規模階層間の酪農家の移動データによる推計でも酪農生産の大幅な減少が見込まれる結果になっていたが，2005～2010年のデータにより再推計すると，その度合いは，さらに深刻さを増すことが予想される。特に，２つの時点での推計の変化をみると，他の作目に比較して，酪農における事態の悪化が際立っている。

2015年の実績を見ると，2000～2005年の階層間移動データに基づく推定値のほうが非常に実績に近くなっている。つまり，エサ危機のときのような事態は少し落ち着いたと言える。ただし，今後，TPPの影響を踏まえると，事態は悪化することが想定される。

なお，2000～2005年の階層間移動データに基づいて，規模階層別の２歳以

表 11　全国における飼養頭数規模別の乳用牛（２歳以上）を飼っている農家数の見通し

単位：戸，％

	2010 年	2015 年	2020 年	2025 年	2030 年	2035 年	2040 年	2045 年	2050 年
１～４頭	1,178	970	804	670	561	473	401	341	292
５～９	1,631	1,286	1,022	820	664	543	447	371	310
10～14	1,476	1,146	899	713	571	461	376	310	257
15～19	1,504	1,165	911	720	575	464	378	310	257
20～29	3,188	2,490	1,968	1,573	1,270	1,036	852	707	592
30～49	5,713	4,577	3,714	3,048	2,526	2,113	1,783	1,516	1,298
50～99	5,047	4,313	3,698	3,184	2,753	2,391	2,085	1,826	1,606
100 頭以上	1,366	1,355	1,292	1,201	1,099	995	894	799	713
合計	21,104	17,302	14,308	11,928	10,020	8,475	7,215	6,180	5,325
100 頭以上の乳用牛を飼養する酪農家のシェア	6.47	7.83	9.03	10.07	10.97	**11.73**	12.39	12.93	13.39

資料：2005 年農林業センサス報告書により JC 総研客員研究員姜薈さん推計。
注：全国酪農家数の推計結果は地域別の酪農家数の推計結果の合計である。

表 12　全国における飼養頭数規模別の乳用牛（２歳以上）を飼っている酪農家飼養頭数の見通し

単位：頭，％

	2010 年	2015 年	2020 年	2025 年	2030 年	2035 年	2040 年	2045 年	2050 年
１～９頭	13,149	10,542	8,517	6,939	5,700	4,718	3,933	3,301	2,787
10～19	42,697	33,104	25,923	20,510	16,395	13,234	10,782	8,860	7,340
20～29	76,347	59,617	47,111	37,649	30,405	24,795	20,405	16,934	14,167
30～49	217,227	174,187	141,485	116,232	96,457	80,787	68,237	58,096	49,834
50～99	332,813	284,565	244,189	210,402	182,062	158,213	138,071	121,001	106,488
100 頭以上	263,459	261,696	249,770	232,490	212,892	192,835	173,407	155,209	138,526
合計	945,693	823,710	716,995	624,222	543,910	474,581	414,836	363,401	319,141
100 頭以上を飼っている酪農家飼養頭数のシェア	27.86	31.77	34.84	37.24	39.14	**40.63**	41.80	42.71	43.41

資料：2005 年農林業センサス報告書により JC 総研客員研究員姜薈さん推計。
注：１）全国酪農家乳用牛飼養頭数の推計結果は地域別の推計結果の合計である。
２）飼養頭数は酪農家数×平均飼養頭数の結果であり，平均飼養頭数は 2010 年世界農林業センサス報告書により算出したものである。

上の乳牛飼養農家数・飼養頭数の将来推定を行うと，表11～16のとおり，2030～2035年には，100頭以上の農家数・飼養頭数のシェアは，全国で，１割の農家で飼養頭数の４割，北海道で，２割の農家で頭数の５割，都府県で５％の農家で頭数の1/4，という数値になり，シェアとしては，100頭以上の経営による頭数（生産量）シェアは徐々に拡大すると見込まれるものの，政府の施策対象を大規模層に集中させれば，全体の生産量が維持できるというような見通しは立て難いことがわかる。

表13　北海道における飼養頭数規模別の乳用牛（２歳以上）を飼っている農家数の見通し

単位：戸，％

	2010年	2015年	2020年	2025年	2030年	2035年	2040年	2045年	2050年
１～４頭	77	64	54	47	40	35	31	27	24
５～９	93	74	60	50	43	36	32	28	24
10～14	124	99	81	68	58	51	44	39	35
15～19	119	95	79	66	57	49	43	38	34
20～29	406	330	275	233	201	175	154	137	122
30～49	1,835	1,537	1,303	1,118	970	849	749	665	595
50～99	3,262	2,825	2,464	2,162	1,906	1,687	1,499	1,337	1,196
100頭以上	976	982	948	892	826	757	688	622	561
合計	6,894	6,006	5,264	4,636	4,100	3,639	3,240	2,893	2,592
100頭以上の乳用牛を飼養する酪農家のシェア	14.15	16.35	18.01	19.25	20.15	**20.80**	21.23	21.50	21.65

資料：2005年農林業センサス報告書によりJC総研客員研究員姜蕾さん推計。

表14　北海道における飼養頭数規模別の乳用牛（２歳以上）を飼っている酪農家飼養頭数の見通し

単位：頭，％

	2010年	2015年	2020年	2025年	2030年	2035年	2040年	2045年	2050年
１～９頭	822	667	554	467	400	345	301	265	234
10～19	3,463	2,756	2,267	1,909	1,635	1,419	1,245	1,103	985
20～29	9,803	7,963	6,631	5,625	4,841	4,217	3,710	3,293	2,945
30～49	73,110	61,224	51,914	44,543	38,625	33,804	29,822	26,495	23,686
50～99	219,241	189,839	165,579	145,267	128,069	113,383	100,757	89,848	80,385
100頭以上	191,381	192,546	185,924	175,022	162,055	148,403	134,898	122,025	110,041
合計	497,820	454,996	412,868	372,832	335,624	301,570	270,734	243,028	218,276
100頭以上を飼っている酪農家飼養頭数のシェア	38.44	42.32	45.03	46.94	48.28	**49.21**	49.83	50.21	50.41

資料：2005年農林業センサス報告書によりJC総研客員研究員姜蕾さん推計。
注：飼養頭数は酪農家数×平均飼養頭数の結果であり，平均飼養頭数は2010年世界農林業センサス報告書により算出したものである。

固定的補給金の限界

その根本原因の一つは，我が国では，2001年以降は，加工原料乳に生乳１kg当たり10円程度の固定的な補給金が支払われるのみなので，酪農家の生産コストがカバーされる保証がないことが挙げられる。カナダでは，酪農の生産コストがカバーできるように政府が支持価格を提示し，米国では，メーカーが支払うべき最低乳価を政府が義務付け，加えて，2014年には，乳代－エサ代＝マージンを政府が最低限は補償する仕組みを導入した。

表15　都府県における飼養頭数規模別の乳用牛（2歳以上）を飼っている農家数の見通し

単位：戸，％

	2010年	2015年	2020年	2025年	2030年	2035年	2040年	2045年	2050年
1～4頭	1,100	906	749	623	521	438	370	314	268
5～9	1,538	1,212	962	770	622	506	415	343	286
10～14	1,352	1,048	818	644	512	411	332	270	222
15～19	1,385	1,070	833	654	519	415	334	272	222
20～29	2,781	2,159	1,693	1,339	1,069	861	699	571	470
30～49	3,878	3,040	2,411	1,930	1,557	1,265	1,034	851	704
50～99	1,785	1,488	1,234	1,023	848	704	586	489	410
100頭以上	390	373	344	309	273	238	206	177	152
合計	14,210	11,296	9,044	7,292	5,920	4,837	3,976	3,287	2,733
100頭以上の乳用牛を飼養する酪農家のシェア	2.75	3.31	3.80	4.24	4.61	**4.92**	5.18	5.39	5.56

資料：2005年農林業センサス報告書によりJC総研客員研究員姜薈さん推計。
注：都府県酪農家数の推計結果は北海道を除くほかの地域の酪農家数の推計結果の合計である。

表16　都府県における飼養頭数規模別の乳用牛（2歳以上）を飼っている酪農家飼養頭数の見通し

単位：頭，％

	2010年	2015年	2020年	2025年	2030年	2035年	2040年	2045年	2050年
1～9頭	12,326	9,874	7,963	6,472	5,300	4,372	3,632	3,036	2,552
10～19	39,234	30,348	23,655	18,601	14,760	11,815	9,537	7,758	6,356
20～29	66,544	51,655	40,480	32,025	25,564	20,579	16,694	13,641	11,221
30～49	144,118	112,963	89,572	71,689	57,833	46,983	38,415	31,601	26,149
50～99	113,572	94,726	78,610	65,135	53,992	44,830	37,314	31,154	26,103
100頭以上	72,078	69,149	63,846	57,468	50,837	44,432	38,509	33,184	28,485
合計	447,873	368,714	304,127	251,390	208,286	173,011	144,102	120,373	100,866
100頭以上を飼っている酪農家飼養頭数のシェア	16.09	18.75	20.99	22.86	24.41	**25.68**	26.72	27.57	28.24

資料：2005年農林業センサス報告書によりJC総研客員研究員姜薈さん推計。
注：1）都府県酪農家数の推計結果は北海道を除くほかの地域の酪農家数の推計結果の合計である。
2）飼養頭数は酪農家数×平均飼養頭数の結果であり，平均飼養頭数は2010年世界農林業センサス報告書により算出したものである。

需給調整機能の負担

さらには，欧米では，政府が乳製品の市場価格が低下してくると支持価格でバター・脱脂粉乳を買い入れ，市場価格が高騰すると在庫を放出する需給調整機能を果たしているので，バター・脱脂粉乳の不足は起こりにくいが，日本政府はその機能を放棄してしまった。このため，我が国では，欧米のような「はけ口」がほとんどない中で，生産者の努力によって生産調整に苦労して取り組んできた。その努力は高く評価されるが，種付けから始める場合には生乳生産の増加までに２年以上もかかる酪農においては，生産調整を行っても需要に供給を合わせるのはなかなか難しく，「不足」と「過剰」の繰り返しを招きやすい。この繰り返しで酪農家も疲弊した。

小売からの川上部門へのしわ寄せ

加えて，我が国では，2008年の飼料価格高騰以降の推移から明らかなように，小売部門の取引交渉力が強いため，生産コストが上昇しても，なかなか乳価は上がらず，酪農生産の継続に必要な所得確保が困難になりつつある。欧米では，小売・製造・生産のパワーバランスがとれており，飼料価格高騰時には，乳価も上昇し，生産が継続できる。

将来計画が立てられる最低限の経営安定メカニズム―重要なのは「予見可能性」―

政府は，現場の苦境を救い，TPP不安を払拭するためにも，酪農の生産コストを最低限ここまでは政策的に支えるという明確な経営安定システムを一刻も早く提示すべきである。また，諸外国のように政府が最低限の需給調整機能を負担し，多様な販売先，「出口」を確保することで，「生産での調整から販売での調整へ」転換すべきである。生産者組織の「独禁法適用除外」を解除するなどはもってのほかで，逆に，小売の「優越的地位の濫用」「不当廉売」を問題にすべきである。また，生処販のパワーバランスの是正には政策関与に加えて乳業の再編，生産者組織の再編・強化も不可欠である。

今が現場の踏ん張りどころ

一方，乳製品の国際需給は，近年逼迫と緩和を繰り返しつつも，新興国の牛乳・乳製品需要のさらなる増加によって，今後さらに逼迫傾向が強まる可能性がある。最大の輸出国のオセアニアの供給拡大の余地はそれほど大きくはないから，国産の牛乳・乳製品を確保することの重要性が着実に増してくる。

しかも，驚くべきことに，10年ほど前は，各国の生産者乳価は，オーストラリア・ニュージーランド20円/kg，米国・EU40円，カナダ60円，日本80円と言われたが，いまや，ニュージーランド，米国，EUともに，60円前後，カナダは80円の乳価水準となっており，日本との差が急速に縮まってきている。ニュージーランドでも増産のために穀物多給型の経営への転換が避けられず，コスト上昇圧力が高まっているのだ。

つまり，日本の酪農経営も，今を耐え凌ぎ，かつ，適切な政策支援が明確に示されれば，相当な貿易自由化が進んでも，経営の持続的発展が見込める。だから，今を乗り切れるかどうかが決定的に重要なのである。TPPの発効を抑止し，現場の酪農家にどうしても必要な政策支援をしっかりと確保しつつ，もう一踏ん張り努力すれば，必ずや明るい未来が開けてくる。日本酪農の底力を見せつけるときである。

これらの内容の筆者のコメント記事が毎日新聞の夕刊(2014年11月13日付)に載り，ヤフージャパンのサイトでも掲載されたとき，「これを見て下さい」というマークが5,000件前後も付され，そのうちコメントも2,000件近くを数えた。コメントでは，「現況を知り，もっと日本の酪農をみんなで支えていかないといけないとつくづく思った」という意見も多く，これだけの声があることに勇気づけられた。

第３章　牛乳・牛肉についての政府のTPP影響試算
―「影響がないように対策するから影響なし」の検証―

影響試算の考え方と比較

生産額（P×Q）の減少率は，価格（P）の減少率，生産量（Q）の減少率，供給の価格弾力性（価格１％の下落による生産の減少％）を用いて，次のように表せる。

$$A - \left\{1 - \left(1 - \frac{B}{100}\right) \times \left(1 - \frac{C}{100}\right)\right\} \times 100$$

C＝B×D
A＝生産額（P×Q）の減少率 ％
B= 価格（P）の減少率 ％
C＝生産量（Q）の減少率 ％
D= 供給の価格弾力性（価格 1% の下落により D% 生産量が減少する）

今回の政府試算では，価格が下落しても，国内対策の強化による差額補填と生産性向上によって，価格の下落分と同じだけコストも下がるので，生産量と所得はまったく変化しないと想定している。つまり，C＝0で，A＝Bにしかならない。生産額の減少率は価格の減少率のみとなる。

まず，対策がない場合に，かつ，生産性向上を前提としない（生産コストは現状のまま）の場合に，どれだけの影響が推定されるかを示し，だから，どれだけの追加対策が必要かの順で検討すべきであろう。前回は，政府の農林水産業関係の試算はそうしていた。

前回と今回の農水省試算，そして，鈴木研究室の今回の試算とを農産物の主要品目について比較すると表17のようになる。前回と今回の農水省試算の落差はあまりにも大きく，その中間に鈴木研の推定値が位置づけられる。

折しも，2016年５月18日，TPPの米国への影響の政府機関による試算が公

表 17　TPP の日本農業への影響試算の比較

単位：億円

	農水省 2013	鈴木研 2015	農水省 2015
米	10,100	1,197	0
生乳	2,900	972	198～291
豚	4,600	2,827	169～332
肉用牛	3,600	1,738	311～625

表 18　米国政府の TPP の影響試算結果（2032 年時点で TPP のない場合との差）

GDP		0.15%［4.7 兆円］増
生産額	製造業	0.1%減
	農産物・食品	0.5%増
雇用	製造業	0.2%減
	農産物・食品	0.5%増
輸出	製造業	0.8%増
	農産物・食品	2.6%［7,920 億円］増
日本向け農産物・食品輸出	計	3,960 億円増（1,300～2,100 億円）
	コメ	23%増（0）
	小麦	17%減（62 億円）
	牛肉	923 億円（50%超）増（311～625 億円）
	豚肉	231 億円（7.8%）増（169～332 億円）
	乳製品	587 億円増（198～291 億円）
	鶏肉	217 億円増（19～36 億円）

資料：米国国際貿易委員会（ITC）発表（2016 年 5 月 18 日）。
注：1ドル＝110 円で換算。（　）内は日本政府の生産減少試算値。

表され，実質GDP（国内総生産）は0.15%（4.7兆円）しか増えず，農業分野は日本への4,000億円（全体で8,000億円の半分）の輸出増加に支えられて生産・雇用が増えるが，製造業は生産も雇用もマイナスとした。オバマ政権が推進する一大政策に水を差す試算結果を政府機関が冷静に公表したのは立派，日本とは大違いである。しかも，いくら日本政府が言い張っても，日本のGDP増加が水増しで農産物被害が過小であることが米国の試算結果から一目瞭然に読み取れてしまう。

牛肉は，日本政府の生産減少見込み額の約２倍の923億円の輸出増加を見込む。現状の1.5倍以上に日本向け輸出が増えることになる。乳製品では，日本政府の生産減少見込み額の約３倍の587億円の輸出増加を見込む。鶏肉にいたっては，日本政府の生産減少見込み額の約10倍の217億円の輸出増加を見込む。

いずれにせよ，米国だけで4,000億円の輸出増に加え，カナダ，オーストラリア，メキシコ，ベトナムなどを含めたら，少なくとも，この２倍くらいにはなるだろうから，日本の国内生産の減少額が1,700億円前後ですむとは，到底考えられない。輸入増加分に見合うだけ，大幅に日本の需要が増えない限り，日本の農業生産が輸入増加分だけ輸入に置き換わってしまわざるを得ないからだ。「影響がないように対策をするから影響はない」と言い張る，我が国の農業生産減少額の見込みは過小見積もりだと言わざるを得ない。

日本政府の影響試算については，政府の中にあっても，何とか日本の食料と農業を守るために頑張ってきた所管官庁も苦しんだと思う。当初は４兆円の被害が出ると試算していたが，政府部内での影響が大きすぎるとの批判に応じて３兆円に修正した。それが今回は1,700億円程度になってしまった。まったく整合性のない数字を出すにあたって，所管官庁内部でも異論はあった。しかし，いまや抵抗力を完全に削がれてしまった感がある。今の官邸は，反対する声を抑えつけていく手口が巧妙だ。霞が関については，幹部人事を官邸が決めることにしたのが大きい。「これ以上抵抗を続けると干される。逆に官邸に従えば，昇進の目が広がるかもしれない。そして昇進の暁には官邸と米国と財界のための『改革』を仕上げます」ということである。2016年６月，まさにその通りの人事が発令され，いよいよ所管官庁自体の自壊も含め，農業と農業関連組織を崩壊させる「終わりの始まり」である。対応を誤ると取り返しのつかないことになる。

酪農

政府試算では，チーズ向けの関税撤廃（50万トンのチーズ向け生乳が行き場を失いかねない）などの影響で，加工原料乳価が最大７円下がるとしているが，飲用向けにはまったく影響せず，また，北海道の生乳生産もまったく変化しないとしている。まず，加工向けが７円下がれば，北海道からの都府県への飲用移送が増えて，飲用乳価も７円下がらないと市場は均衡しない。また，生クリーム向けの補給金の復活と畜産クラスター事業による補助事業の強化で，７円の乳価下落はどうやって吸収できるのか。説得力のある説明は不可能である。

決裂したTPPハワイ会合での乳製品についてのニュージーランドの主張もTPPの本質をよく物語っている。TPPは，ニュージーランドが主導して４か国で立ち上げたP4協定が土台になっており，そもそも全面的な関税撤廃と規制緩和を前提にしている。しかも，ニュージーランドは，生乳生産の95%を輸出し，輸出の３割を乳製品に依存しており，酪農で規制緩和できずに，利益が小さいまま，医薬品などで規制強化されて不利な条件を受け入れていたのでは，協定の意味がない。

一方，乳製品は，ニュージーランドとオーストラリアの競争力が突出しており，米国，カナダ，日本は，全面的な関税撤廃をしたら，国内の酪農がもたない。米国でも「公益事業」（電気やガスと同じく必要量が必要なときに供給できないと子供が育てられないので海外に依存できない）と言われる基礎食料である国産の牛乳・乳製品を守るためには，全面的開放はとてもできない。

米国は関税撤廃せずに，ニュージーランドとオーストラリアから輸入枠の拡大を受け入れる一方，それ以上の米国からの輸入枠をカナダと日本に認めさせて，実質的な輸出拡大をもくろんだが，ニュージーランドからの要求が大きく，一方，カナダから提示された輸入枠が小さかったため，「玉突き」的な日米加の「連携」は，ハワイ会合で一度破たんした（図２参照）。

図２　乳製品の輸入枠を求める「玉突き」構造

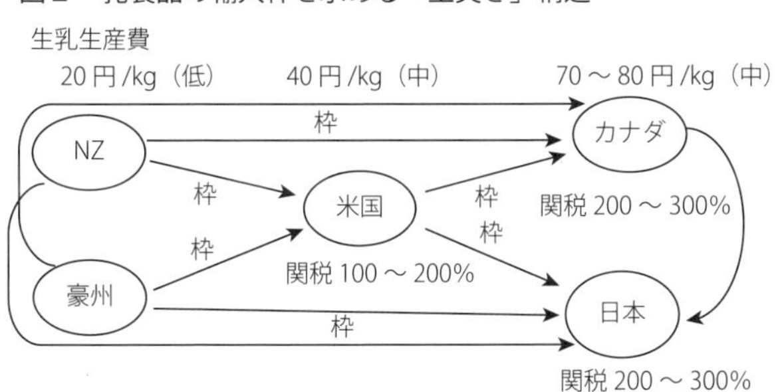

我が国も，乳製品については，現在は，バターや脱脂粉乳などの乳製品を生乳換算で13万7,000トンを低関税で輸入する枠を設定し，それを超えると200～300％の枠外関税を課しているが，TPPでは枠外関税は維持するが，全体で生乳換算７万トン程度のTPP参加国（米国，ニュージーランド，オーストラリア，カナダなど）への低関税の輸入枠を追加的に設定し，そのうち３万トン程度をニュージーランド枠として提示したが，ニュージーランドの要求を満たすことはできなかったようである。「日米とニュージーランドとの力関係は100対１だから最後はねじ伏せられる」と言っていた日本の交渉団は浅はかだった。

つまり，ニュージーランドは本来のTPPの原則を主張しているが，どの国もそれを乳製品について絶対に受け入れられないのだから，ニュージーランドが悪いわけではなく，TPPそのものに無理があるのだ，ということを再確認すべきだった。

しかし，結局，アトランタ会合では，７万トンで折り合った。ニュージーランドが折れたのかというと，実は，そうではなく，日本が，調製食用脂（バターとマーガリンを混ぜたもの）とチーズの関税撤廃・削減で大幅譲歩したことによる。ニュージーランドが納得したということは，それだけ，日本の損失が大きいことの裏返しである。

酪農対策については，現行政策は「不足払い」と言いながら，加工原料乳への固定的な補給金10円/kg程度でしかないので，牛肉や豚肉のような「コスト－市場価格」を補填できないため，飼料価格の高止まりの下で乳価が十分に確保できず，酪農生産基盤の縮小に歯止めがかからない状況になっているが，今も抜本的対策は一切採らない方針を貫いている。

近年のバター在庫と価格との関係を分析すると，バター在庫が１％増加すると価格は0.26％下落する傾向がある。近年の脱脂粉乳在庫と価格との関係を分析すると，脱脂粉乳在庫が１％増加すると価格は0.20％下落する傾向がある。

TPPで追加の７万トンはバターと脱脂粉乳を同量（製品ベース）ずつ輸入

することが条件になっている。つまり，バター45,898トン（3,719トン），脱脂粉乳24,102トン（3,719トン）となる。これは現状（2014年末）のバター在庫15,263トンから24.4％の増加になるから，バター価格の6.34％の下落圧力になる。また，これは現状（2014年末）の脱脂粉乳在庫34,920トンから10.7％の増加になるから，脱脂粉乳価格の2.13％の下落圧力になる。

さらに，バターについては，調製食用脂（PEF）の18,977トンの枠の枠内税率25％が撤廃される。現在もこの枠がほぼ消化されているので，輸入量は増えないが，価格は20％（25/125）下落する。PEFの用途はパン，菓子，アイスクリームなどでバター需要のほぼ45％を占めるので，バター用途の45％が20％の下落圧力を受けると仮定すると，全体で９％の価格下落につながる。合わせて，バター価格は6.34＋９＝15.34％の下落となる。

この分だけバター・脱脂粉乳向け生乳の取引価格が低下すると0.344×15.34＋0.656×2.13＝6.67％，4.9円の低下になる（ホエイの関税撤廃が脱脂粉乳価格に与える影響は加味していない）。

さらに，多くのチーズの29.8％の関税撤廃によりチーズ向け乳価が23.0％（29.8÷129.8），13.8円低下する。チーズ向け13.8円とバター・脱脂粉乳向け用途4.9円の低下による加工原料乳価（バター・脱脂粉乳・チーズ向け）の下落は，（13.8×46＋4.9×154）÷（46＋154）＝6.95円となる。北海道は加工原料乳価（バター・脱脂粉乳・チーズ向け）に輸送費を足しても都府県に飲用乳用途で移送するかどうかを決めるので，加工原料乳価（バター・脱脂粉乳・チーズ向け）と飲用等向け用途の生乳価格は連動する。よって，飲用乳価も6.95円下がる。生クリーム等向けは飲用乳価に連動すると見込むと，結果的に，プール乳価も6.95円下がる。これは率にして6.95/96.5＝7.2％。これに小林・金田（2013）による生乳供給の価格弾力性1.0466（生乳価格１％の下落により1.0466％生産が減少）をかけると，生産減少量は7.5％になるので，生産額の減少は，（１－0.072）×（１－0.075）から14.2％となる。

$$\left\{1-\left(1-\frac{7.2}{100}\right)\times\left(1-\frac{7.5}{100}\right)\right\}\times 100=14.2$$

「バター不足」に象徴されるように，先の図１（12ページ）で見ても，飼料高騰下での継続的な所得低下が乳牛飼養頭数の減少に直結していることは明白である（搾乳牛１頭当たり所得が１円減ると搾乳牛飼養総頭数が２頭減る明瞭な関係が観察される）。現状においても，北海道，都府県ともに，約半数の経営（北海道45％，都府県47％）が赤字である。のちに収益性分析で示すように，これに乳価と副産物収入のTPPによる減少を組み込むと，特に，北海道では全階層で赤字に転落する。それが都府県への飲用向け移送を増加させ，都府県の経営も赤字化が進むだろう。つまり，緊急的な赤字補填システムを，いま導入しておくことが不可欠である。

繰り返しになるが，米国では，ミルク・マーケティング・オーダー（FMMO）制度の下，政府が，乳製品市況（政府の乳製品買い上げで下支えされている）から逆算した加工原料乳価をメーカーの最低支払い義務乳価として全国一律に設定し，それに全米2,600の郡（カウンティ）別に定めた「飲用プレミアム」を加算して地域別のメーカーの最低支払い義務の飲用乳価を毎月公定している。それでも，飼料高騰などで取引乳価がコストをカバーできない事態に備えて，最低限の「乳代－餌代」を下回ったら政府が補填する仕組みも2014年農業法で確立した。

つまり，日本の加工原料乳補給金に匹敵，いやそれ以上の役割を果たす政府の乳製品買い上げ＋用途別乳価の最低価格支払い命令に加えて，最低限の所得（乳価－飼料コスト）を補填する仕組みを米国では組み合わせているのだから，我が国で，「補給金と所得補償は両立しない」という議論は成り立たない。

また，コメと酪農の所得補償については，モラルハザード（意図的な安売り）を招くから無理との指摘がなされてきたが，これはナンセンスである。安くなればコメ農家や酪農家向けの財政負担が増えても消費者の利益は拡大する。消費者利益の増大のほうが財政負担の増加より大きいので，日本社会全体では経済的利益はトータルで増加するというのが経済学の教えるところであり，我々の試算でもそうなる。「消費者負担型から財政負担型政策へ」

と言ってきたのは政府である。

また,「畜産クラスター」の拡充も対策と言われるが，現場での評価は「従来型の箱物投資を個人でし易くしただけで，クリアすべき条件設定も多いため施設・機械の総費用が大きくなり，1/2補助を受けても，補助金なしで個人で投資したほうが自己負担は小さい場合もある。増頭計画が前提でもあり，過剰投資と過剰負債を誘発しかねない」と否定的な声も多い。生クリームへの補給金が認められ，畜産クラスターも拡充されるからこれでよいなどと思っていたら，酪農の未来を失いかねない。TPPの影響が次第に強まってきて，気が付いたときには「ゆでガエル」にされている。

牛肉

牛肉価格の下落は，体質強化策と経営安定対策によって吸収されるというが，政府補填率が８割から９割になるだけで，それが可能とは思えない。かつ，価格低下による補填単価の増加の一方で，補填の財源としていた牛肉関税収入は1,000億円近く消失するのに，財務省は新たな財源を準備しない方針である。限られた農水予算内で手当てすれば，農水省予算のどこかが削られることになる。しかも，経営の収益性分析（後述）で明らかなように，赤字の９割補填（政府の実質補填は0.9×0.75で67.5％だが）を行なっても，相当に大規模な経営のみが黒字に転換するだけで，全体の生産量の減少を抑止できる可能性は極めて低い。特に乳雄肥育は全面的赤字のままである。

牛肉関税は，現行38.5％から15年で段階的に９％まで，1/4に引き下げる。セーフガード（緊急輸入制限措置）は，全参加国からの年間の輸入量が一定量を超えると発動し，関税率を引き上げる仕組みだが，最終的な発動の基準輸入量はほとんど発動される見込みはないような大きな数量で，しかも，４年間発動されなければ廃止される。つまり，実質的には，９％で無制限に輸入されることになる。

価格の下落は，体質強化策と経営安定対策によって吸収されるというが，政府補填率が８割から９割になるだけで，それが可能とは思えない。かつ，価格低下による補填単価の増加の一方で，補填の財源としていた牛肉関税収入は1,000億円近く消失する（平成26年度の牛肉関税相当額は1,104億円で，関税が９％になれば，輸入量，単価を26年度と同じと仮定すれば，258億円に減少する）ため，補填財源が確保できるのかが大きな問題になっている。財務省は新たな財源を準備しない方針であり，その保証はない。また，限られた農水予算内で手当てすれば，農水省予算のどこかが削られることになる。

しかも，後述の収益性分析でも明らかなように，赤字の９割補填を行なっても，相当に大規模な経営のみが黒字に転換するだけで，全体の生産量の減少を抑止できる可能性は極めて低いことが窺える。

38.5％の牛肉関税が９％になることによる輸入価格の低下は21.3％（109÷138.5）。現在の部分肉での輸入牛肉価格504円/kgが38.5％の関税が上乗せされると698円だが，関税が９％になると549円まで，149円，21.3％下がる。

和牛肉には，ある程度の価格差があるが，影響を受けないのではなく，その価格差は残るものの，価格水準は低下する。過去のデータに基づく輸入牛肉（オーストラリア産）と和牛肉（A5）の価格分析からは，輸入肉の１円の低下が0.87円（価格差があるから輸入肉１％の低下に対しては0.243％）の和牛肉価格の低下につながる結果が示されており，ほぼ並行的（パラレル）な価格低下が生じる。A5以外については，輸入肉の１円の低下が0.73円（１％に対して0.91％）と試算された（江川雄太（2015））。そこで，堀田和彦（1999）による牛肉供給の価格弾力性の推定値1.185に基づいて，A5を中心とする高級和牛肉については，価格低下は0.243×21.3＝5.17％，数量減少は5.17×1.185＝6.13％，その他の牛肉については，価格低下は0.908×21.3＝19.33％，数量減少は19.33×1.185＝22.91％，と試算される。高級和牛肉とその他の牛肉の生産額の比率を概ね1:3と仮定すると，全体で，

$$\left[1-\left\{\frac{1}{4}-\left(1-\frac{5.17}{100}\right)\times\left(1-\frac{6.13}{100}\right)+\frac{3}{4}\times\left(1-\frac{19.33}{100}\right)\times\left(1-\frac{22.91}{100}\right)\right\}\right]\times100=31.1$$

で，31.1％の生産額減少が見込まれる。

なお，酪農について，乳代が7.2％減少，副産物収入が19.3％減少すると，１頭当たり所得は7.1万円の減少になる。ここで，搾乳牛１頭当たり所得が１円減ると搾乳牛飼養総頭数が２頭減るという関係を適用すると，7.1万円の１頭当たり所得の減少は，14.2万頭の搾乳牛頭数の減少につながる。これは，14.2/79.8＝17.8％の頭数（≒生産量）の減少につながるので，（１－0.072）（１－0.178）から，23.7％の生産額減少につながる可能性も計算できる。

酪農・肥育牛における収益性分析

最も影響が大きいとみられる畜産・酪農経営について，品目ごとの価格下落分だけ，粗収益が減少した場合の経営収支への影響と，それに対して，赤字の平均値への９割補填（生産者からの拠出も1/4あるので政府からの実質補填は0.9×0.75で67.5％）が行われた場合の改善効果を検討したのが，表19～22である。

関税削減による16年目以降の牛肉の輸入価格の下落率は21.3％（138.5円→109円）で，我々の推定では，輸入牛肉価格１％の低下が0.243％の高級和牛肉価格（A5ランク）の低下につながり，それ以外の国産牛肉価格0.91％の低下につながる。したがって，高級和牛肉の価格減少率は5.17％，その他の国産牛肉の価格減少率は19.33％と推定される。

１．和牛肥育経営（表19）

主産物収益が5.17％減少すると仮定。現状においても，200頭以上の最上位階層のみが黒字（家族労働費を含む全経費を差し引いて残りがある）。TPP後は全階層が赤字になる。平均赤字の９割補填を行うと，200頭以上の最上位階層のみが黒字に改善される。

２．乳雄肥育経営（表20）

主産物収益が19.33％減少すると仮定。現状においては，全階層が赤字（家族労働費を含む全経費を差し引くとマイナス）。TPP後は全階層の赤字幅が大きくなる。平均赤字の９割補填を行っても，全階層赤字である。

3．酪農経営（都府県）（表21）

102円/kgの手取り乳価が6.95円（政府試算はゼロ），6.8％下がると推定されるので，主産物収益が6.8％減少，副産物収益が19.33％減少すると仮定。現状においては，50頭以上の上位３階層（頭数シェア53.2％）が黒字。TPP後も50頭以上の上位３階層が黒字。平均赤字の９割補填を行うと，50頭以上の上位３階層の黒字は拡大する。ただし，酪農については，このような補填の仕組みは想定されていない。

4．酪農経営（北海道）（表22）

83.3円/kgの手取り乳価が6.95円（政府試算とほぼ同じ），8.34％下がると推定されるので，主産物収益が8.34％減少，副産物収益が19.33％減少すると仮定。現状においては，80頭以上の上位２階層（頭数シェア55％）が黒字。TPP後は全階層が赤字になる。それが都府県への飲用向け移送を増加させ，都府県の経営も赤字化が進むだろう。平均赤字の９割補填を行うと，80頭以上の上位２階層が黒字に改善する。ただし，酪農については，このような補填の仕組みは想定されていない。

以上から，酪農・肥育牛経営において，平均的経営の赤字の８割補填を９割に引き上げるから価格下落は相殺されるので所得・生産量は減らないという説明は間違いだとわかる。そもそも，平均的赤字の９割を補填しても，多くの経営の赤字は解消されない。特に，近年，一部の巨大経営の出現で，平均のレベルが大規模経営に偏ってきているので，なおさらである。しかも，９割補填は名目で25％の自己負担を差し引けば，67.5％補填であるから，実際の赤字は，さらに深刻である。また，酪農については，そもそも，そうした補填の仕組みさえないまま放置されている。

表19　去勢若齢肥育牛1頭当たり収益性

飼養頭数規模別	粗収益			生産費総額	利潤	TPP後の粗収益	TPP後の利潤	TPP後の利潤（補填あり）
	計	主産物	副産物					
	a	b	c	d	a−d	a*=b×0.9483＋c	a*−d	平均赤字の9割補填
平均	917,334	907,897	9,437	947,841	▲30,507	870,396	▲77,445	
1～10頭未満	929,812	904,105	25,707	1,082,695	▲152,883	883,070	▲199,625	▲129,924
10～20	948,302	927,326	20,976	1,051,184	▲102,882	900,359	▲150,825	▲81,124
20～30	930,789	910,264	20,525	1,036,527	▲105,738	883,728	▲152,799	▲83,098
30～50	878,181	868,397	9,784	996,995	▲118,814	833,285	▲163,710	▲94,009
50～100	922,081	907,735	14,346	980,388	▲58,307	875,151	▲105,237	▲35,536
100～200	908,213	900,254	7,959	937,280	▲29,067	861,670	▲75,610	▲5,909
200頭以上	922,811	917,133	5,678	912,324	10,487	875,395	▲36,929	32,772

表20　乳用雄肥育牛1頭当たり収益性

飼養頭数規模別	粗収益			生産費総額	利潤	TPP後の粗収益	TPP後の利潤	TPP後の利潤（補填あり）
	計	主産物	副産物					
	a	b	c	d	a−d	a*=b×0.8067＋c	a*−d	平均赤字の9割補填
平均	358,291	353,521	4,770	437,326	▲79,035	289,955	▲147,371	
1～10頭未満	317,564	291,167	26,397	519,969	▲202,405	261,281	▲258,688	▲126,054
10～20	353,138	349,414	3,724	497,129	▲143,991	285,596	▲211,533	▲78,899
20～30	330,472	325,914	4,558	477,747	▲147,275	267,473	▲210,274	▲77,641
30～50	327,464	311,684	15,780	466,853	▲139,389	267,215	▲199,638	▲67,004
50～100	349,774	341,734	8,040	455,316	▲105,542	283,717	▲171,599	▲38,966
100～200	360,014	351,506	8,508	452,536	▲92,522	292,068	▲160,468	▲27,835
200頭以上	359,949	356,680	3,269	430,304	▲70,355	291,003	▲139,301	▲6,668

表21　搾乳牛通年換算1頭当たり収益性（都府県）

飼養頭数規模別	粗収益			生産費総額	利潤	TPP後の粗収益	TPP後の利潤	TPP後の利潤（補填あり）	搾乳牛頭数シェア
	計	主産物	副産物						
	a	b	c	d	a−d	a*=b×0.932+c×0.8067	a*−d	平均赤字の9割補填	%
平均	920,771	866,021	54,750	900,640	20,131	851,298	▲49,342		100
1～20頭未満	809,802	738,890	70,912	972,522	▲162,720	745,850	▲226,672	▲182,264	8.5
20～30	879,940	813,812	66,128	954,930	▲74,990	811,818	▲143,112	▲98,704	11.8
30～50	905,321	854,160	51,161	907,913	▲2,592	837,349	▲70,564	▲26,157	26.6
50～80	942,430	889,174	53,256	854,280	88,150	871,672	17,392	61,799	19.0
80～100	985,851	925,922	59,929	911,216	74,635	911,304	88	44,495	7.0
100頭以上	984,066	941,125	42,941	861,632	122,434	911,769	50,137	94,544	27.2

表22　搾乳牛通年換算1頭当たり収益性（北海道）

飼養頭数規模別	粗収益			生産費総額	利潤	TPP後の粗収益	TPP後の利潤	TPP後の利潤（補填あり）	搾乳牛頭数シェア
	計	主産物	副産物						
	a	b	c	d	a−d	a*=b×0.9166+c×0.8067	a*−d	平均赤字の9割補填	%
平均	771,608	664,366	107,242	778,420	▲6,812	695,470	▲82,950		100
1～20頭未満	705,847	570,738	135,109	958,785	▲252,938	632,131	▲326,654	▲251,999	1.0
20～30	714,795	607,188	107,607	930,029	▲215,234	643,355	▲286,674	▲212,019	1.5
30～50	712,719	603,137	109,582	792,686	▲79,967	641,235	▲151,451	▲76,796	13.7
50～80	768,878	661,870	107,008	775,734	▲6,856	692,993	▲82,741	▲8,086	28.9
80～100	773,718	672,293	101,425	758,472	15,246	698,043	▲60,429	14,226	15.5
100頭以上	797,999	689,924	108,075	772,282	25,717	719,568	▲52,714	21,941	39.5

第４章　不当な牛乳の価格形成を助長させてはならない

生産者の取り分は「不当に」低い

食料関連産業の生産額規模は1980年の48兆円から2005年の74兆円に拡大している中で，農家の取り分は12兆円から９兆円に減少し，農業段階の取り分シェアは26％から13％に落ち込んできている。その分，加工・流通・小売，特に小売段階の取り分が増加してきていることが農林水産省の試算で示されている。このことから，特に最近の小売段階の取引交渉力が相対的に強すぎることが，いわゆる「買いたたき」現象を招き，農家の取り分が圧縮されている可能性が懸念される。

農業の様々な品目における１時間当たりの農業所得は，稲作農家平均で500円前後しかないことに象徴されるように，他産業における１時間当たり給与水準に比較して総じて低位で，しかも，その格差は近年も拡大しつつある。つまり，労働への対価を十分確保するだけの価格形成ができていない。

生乳流通・取引体制検討の欠落点―最大の問題にメス入れず―

2015年７月２日の生乳流通・取引体制の自民党の取組案を見て，正直驚いた。肝心の問題が欠落しているからだ。乳業メーカー vs酪農協の取引の改善のみを議論しているが，最大の問題は，乳業メーカー vs酪農協の取引の改善ではなく，スーパー vs乳業メーカーの取引だからだ。

乳業メーカー vs酪農協の取引の改善により酪農家の手取り乳価の向上を図ることも，もちろん重要ではあるが，乳価が上がらないのは，メーカーではなく，小売の市場支配力が大きいためであり，この点を議論せずして，乳価の改善はありえない。むしろ，乳業メーカー vs酪農協の取引の改善により酪農家の手取り乳価が向上できたら，スーパーから買いたたかれるメーカーは「板挟み」になり，「しわ寄せ」が酪農家からメーカーに移るだけで，根本的解決にはならない。

取引交渉力の不均衡

我が国では，2007～2008年の飼料・肥料・燃料等の高騰によるコストの急上昇にもかかわらず，乳価が上がらず，酪農経営が苦況に陥った。諸外国では，飼料危機当時にも，乳価上昇による調整が非常に迅速に機能した。

我が国では，大型小売店同士の食料品の安売り競争は激しい（図３のスーパー間の不完全競争度がゼロに近いことに示されている）が，そのため，小売価格の引き上げが難しく，そのしわ寄せがメーカーや生産者に来てしまう構図がある。我々の試算では，我が国では，メーカー対スーパーの取引交渉力の優位度は，ほとんど０対１で，スーパーがメーカーに対して圧倒的な優位性を発揮している。一方，酪農協対メーカーの取引交渉力の優位度は，最

図３　酪農協・メーカー・スーパー間の垂直的パワーバランスと水平的競争度

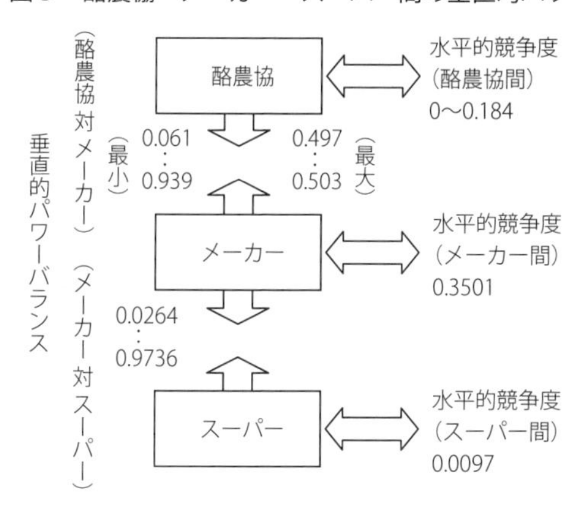

注：垂直的パワーバランスは0で完全劣位，1で完全優位，水平的競争度は0で完全競争，1で独占となる。

出所：Kinoshita, J., N. Suzuki, and H. M. Kaiser "The Degree of Vertical and Horizontal Competition Among Dairy Cooperatives, Processors, and Retailers," *Journal of the Faculty of Agriculture Kyushu University* .51, 2006.

大限に見積もって，ほぼ0.5対0.5，最小限に見積もると0.1対0.9で，メーカーが酪農協に対して優位である可能性が示されている。

不完全な市場の規制緩和は不当な価格形成を助長する

今でも小売に「買いたたかれて」いるのに，「対等な競争条件」のために，生産者に与えられた共販の独禁法適用除外をやめるべきだという議論は，今でさえ不当な競争条件をさらに不当にし，小売に有利にするものであり，市場の歪みを是正するどころか悪化させる，誤った方向性であることを改めて認識しないといけない。

不完全な市場は民間任せでなく公正な取引のための政策介入が必要

欧米では小売サイドの大型化による市場支配力の強化によって酪農家が不利にならないように，政策介入が当然のものとして行われている。市場の機能に問題があり，適正な価格が形成されない場合には，市場介入は正当化される。それが欧米の認識である。

繰り返すが，米国では，ミルク・マーケティング・オーダー（FMMO）制度の下，政府が，乳製品市況から逆算した加工原料乳価をメーカーの最低支払い義務乳価として設定し，それに全米2,600の郡（カウンティ）別に定めた「飲用プレミアム」を加算して地域別のメーカーの最低支払い義務の飲用乳価を毎月公定している。それでも，飼料高騰などで取引乳価がコストをカバーできない事態に備えて，最低限の「乳代－餌代」を下回ったら政府が補填する仕組みも組み合わせている。

さらには，米国の酪農協は，脱脂粉乳やバターへの加工施設（余乳処理工場）を酪農協自らが持ち，需給調整機能を生産者サイドが担える体制を整えることによって，飲用乳の価格交渉力を強めているが，これが米国で可能な背景には，米国政府が余剰乳製品の買上げ制度を維持し，国内外への援助物資などによる最終的販路を準備していることも大きい。今回の我が国の生乳取引改善策の検討では，民間ベースの改善努力のみが議論されているが，それだけでは解決できない問題だという認識を持たないと手遅れになる。

生産調整から販売調整へ

我が国では，欧米のように海外に販売する「はけ口」がほとんどない中で，生産者の努力によって生産調整に苦労して取り組んできたことは高く評価されよう。しかし，種付けから始める場合には生乳生産の増加までに２年以上もかかる酪農においては，生産調整を行っても需要に供給を合わせるのはなかなか難しく，「不足」と「過剰」の繰り返しを招きやすい。やはり，我が国でも，多様な販売先，「出口」を確保することで，生産での調整を緩め，販売で調整することを可能にしていくことが求められる。

2008年の食料危機を経験し，また，世界で10億人を超えようとしている栄養不足人口の軽減に貢献することは，洞爺湖サミットでも表明した我が国の重要な世界貢献であり，そのためには，最も潜在生産力の高いコメを増産・備蓄し，機動的に運用していくのみならず，酪農品や畜産物についても，そうした世界貢献の姿勢も打ち出していくことは必要であろう。「予算がない」と一笑に付す人が多いが，こうした世界貢献の予算は，狭い意味での農水予算の枠を超えた国家戦略予算として手当されるべきである。

第５章　欧米における酪農の位置づけに学ぶ

高関税・価格支持・輸出補助金の３点セットで仕組まれているのが，欧米酪農の実態である。欧米で我が国のコメに匹敵する基礎食料の供給部門といわれる酪農については，「欧米で酪農への保護が手厚い第一の理由は，ナショナル・セキュリティ，つまり，牛乳を海外に依存したくないということだ。」（コーネル大学K教授），「生乳の腐敗性と消費者への秩序ある販売の必要性から，米国政府は酪農を，ほとんど電気やガスのような公益事業として扱ってきており，外国によってその秩序が崩されるのを望まない。」（フロリダ大学K教授）といった見解にも示されているように，国民，特に若年層に不可欠な牛乳の供給が不足することを国家として許さないという姿勢がみられる。我が国のように牛乳・乳製品の自給率が70%に満たない状況となれば，欧米では社会不安が生じるであろう。

酪農品の国際競争力は，オーストラリアとニュージーランドが突出して強い。そのため，EU諸国や米国，カナダといえども，輸出力で勝てないのはもちろん，オセアニアからの輸入を制限する防波堤（保護措置）がなければ国内自給さえ確保することができないのである。そこで，EUも米国もカナダも乳製品には高関税を課し，国内消費量の５％程度のミニマム・アクセスに輸入量を押さえ込んでいる（ミニマム・アクセスは本来，低関税の輸入機会の提供であり最低輸入義務ではないから，実際は枠が未消化の場合が多い。TPP交渉でも，乳製品関税撤廃を米国はオセアニアに対して，カナダはすべての国に対して拒否の姿勢を貫いた）。その上で，国内の余剰乳製品は政府が買取価格を設定して買い入れ，過剰在庫が生じれば，輸出補助金を使った輸出か食料援助によって海外市場に仕向けられる。

こうして，本来ならオセアニアからの最大の輸入国になるはずのEUや米国やカナダが，逆に輸出国になり得ているのである。決して競争力があるから輸出しているのではない。一方，我が国は，過剰生産が出ると生産調整を強化する選択肢しかもたない点で，農業政策の体系が全く違っている。

2014年農業法による米国酪農政策の強化—米国の酪農収入保険の真実—

我が国では，農産物の販売価格が低迷して農家の生産コストを下回った場合に，その差額を補填して，農家の所得を下支えする「岩盤」政策として導入された戸別所得補償制度などを廃止して，収入変動をならす「ナラシ」の政策のみに戻し，それを収入保険の形にしていこうという政策の流れがある。酪農についても，民主党政権下で一度は導入を決めた「酪農所得補償制度」の議論も進まぬままになっている。

「米国も収入保険が主流になっており，その米国型の収入保険を手本とするのだ」という言い方もされる。米国の酪農政策についても，2014年農業法で抜本的改革によって，収入保険型に移行したとされるが，これは大いなる誤解である。

米国の酪農政策についても，2014年農業法で導入された政策は，確かに保険の要素が入っているが，収入保険ではなく，「収入－コスト＝マージン」保険であるとともに，基本的に再生産に最低限必要なマージンは保険料なしで政府が保障するというものだ。

米国では，ミルク・マーケティング・オーダー（FMMO）制度の下，政府が，乳製品の市場価格から逆算した加工原料乳価をメーカーの最低支払い義務乳価として設定し，それに全米2,600の郡（カウンティ）別に定めた「飲用プレミアム」を加算して地域別のメーカーの最低支払い義務の飲用乳価を毎月公定している。この乳製品の市場価格は，政府が加工原料乳支持価格を定め，それに対応する乳製品価格で乳製品を買い入れて乳価を支える加工原料乳支持政策（DPSP）によって下支えされてきた。

さらに，米国では，FMMOで加工原料乳価に連動してパラレルに決まる最低支払い義務飲用乳価水準が低くなりすぎる場合に対処するため，2002年に飲用乳価への目標価格を別途定め，FMMOによる飲用乳価がそれを下回

図４　連邦ミルク・マーケティング・オーダーの地域別飲用乳価プレミアム

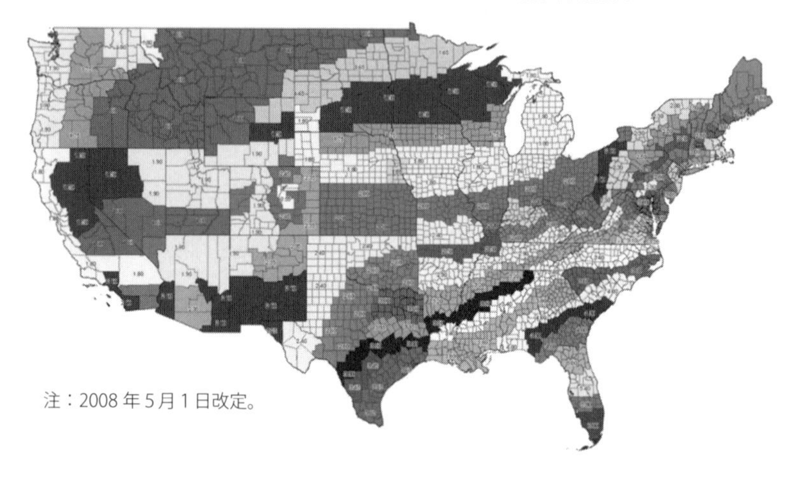

注：2008 年５月１日改定。

図５　日本の乳価に当てはめた米国の乳価形成の流れ

支持価格に基づく政府の乳製品買上げによる下支え→マージン（乳代－餌代）の下限を下回ったら買入れに変更（2014）

↓

乳製品市況

↓

全国一律　加工原料乳価　65 円（政府命令によるメーカーの最低支払い義務）

↓

北海道　飲用プレミアム　5 円（政府命令によるメーカーの最低支払い義務）
関東　飲用プレミアム　25 円
九州　飲用プレミアム　20 円

↓

北海道　飲用乳価　70 円（政府命令によるメーカーの最低支払い義務）
→さらなる上乗せ分（over order premium）のみ生処で交渉
関東　飲用乳価　90 円
九州　飲用乳価　85 円

加えて，飲用乳価の目標価格→全生乳についてのマージン（乳代－餌代）に変更（2014）
北海道　飲用乳価　75 円
関東　飲用乳価　95 円
九州　飲用乳価　90 円
よりも飲用乳価が下回る場合の不足払いとして，各地とも５円が政府から補填される
→全生乳についての「乳代－餌代」が９円 /kg を下回ったら，差額の９割を補填する「所得保障」に変更（2014）。

った場合には，政府が不足払いする制度を導入した。さらに，2008年農業法において，乳価を基準にして支えるだけでは飼料価格高騰に対処できないことが現実となったため，飼料価格高騰への対処として，目標価格が飼料価格の高騰に連動して上昇するルールを付加した。その場かぎりの緊急措置をその都度議論するのでなく，ルール化された発動基準にしてシステマティックな仕組みにしていこうとする米国の姿勢は合理的である。ただし，この制度には，生産量に「頭切り」（240万ポンド＝1,089トンまでしか対象としない）が行われたため，大規模経営からの反発があった。

こうした経緯を経て，生産コストの上昇時には価格を指標にした制度では所得を支えきれないという問題をよりシステマティックに解決するには，全体の政策体系を「販売収入－生産コスト」を支える体系に組み替えるのが合理的だとの結論に至り，それが実現されたのが，2014年農業法である。

2009年のエサ危機に，100ポンド（45.36kg）当たりの生乳販売収入（乳価）と生乳100ポンドを生産するための飼料コストとの差額＝「マージン」が４ドルを下回り，酪農経営が赤字に陥った。より正確には，飼料価格は2008年に比べれば落ち着いたが，乳価が急速に下落したためマージンが減少したのである（表23）。さらに，2010年以降は2008年を上回る飼料価格高騰が続き，乳価の上昇でカバーしきれず，2012年にはマージンが４ドルを下回った。2004年から2013年の間の平均マージンは8.5ドルで，経営が赤字にならずに継続できる最低ラインが４ドル程度であることから，この４ドルのマージンについて，直近２か月の平均が４ドルを下回った場合には，４ドルとの差額を基準生産量の90％について支払う政策を導入した。これが「酪農マージン保護計画」（Margin Protection Program＝MPP）である。生乳１kg当たり約９円で，100頭経営で約700万円の「最低所得保障」に近い。

この制度に参加するには，１経営当たり年間100ドル（約１万円）の登録料の支払いのみが求められる。もし，４ドルを超えるマージンを保障してもらいたいならば，その経営者は，4.5ドルから８ドルまでの50セント刻みの保障レベルに応じて，追加料金（プレミアム）を支払って，保障レベルを選

表 23　米国の最近の乳価と飼料費の推移（ドル/100 ポンド）

年	月	乳価	飼料費	マージン
2007	1～2	$14.70	$6.50	$8.20
2007	3～4	$16.05	$6.81	$9.24
2007	5～6	$19.10	$7.25	$11.85
2007	7～8	$21.60	$7.00	$14.60
2007	9～10	$21.60	$7.27	$14.33
2007	11～12	$21.70	$7.91	$13.79
2008	1～2	$19.80	$8.94	$10.86
2008	3～4	$18.10	$9.70	$8.40
2008	5～6	$18.85	$10.80	$8.05
2008	7～8	$18.90	$10.91	$7.99
2008	9～10	$18.00	$9.66	$8.34
2008	11～12	$16.30	$8.63	$7.67
2009	1～2	$12.45	$8.61	$3.84
2009	3～4	$11.80	$8.25	$3.55
2009	5～6	$11.45	$8.96	$2.49
2009	7～8	$11.70	$8.12	$3.58
2009	9～10	$13.65	$7.77	$5.88
2009	11～12	$15.95	$7.82	$8.13
2010	1～2	$15.95	$7.62	$8.33
2010	3～4	$14.70	$7.37	$7.33
2010	5～6	$15.20	$7.52	$7.68
2010	7～8	$16.30	$7.86	$8.44
2010	9～10	$18.10	$8.48	$9.62
2010	11～12	$17.30	$9.21	$8.09
2011	1～2	$17.90	$10.07	$7.83
2011	3～4	$20.00	$10.96	$9.04
2011	5～6	$20.35	$11.92	$8.43
2011	7～8	$21.95	$12.34	$9.61
2011	9～10	$20.55	$11.59	$8.96
2011	11～12	$20.10	$11.04	$9.06
2012	1～2	$18.25	$11.63	$6.62
2012	3～4	$17.00	$12.41	$4.59
2012	5～6	$16.20	$12.77	$3.43
2012	7～8	$17.55	$14.67	$2.88
2012	9～10	$20.65	$13.94	$6.71
2012	11～12	$21.45	$13.81	$7.64
2013	1～2	$19.75	$13.69	$6.06
2013	3～4	$19.30	$13.68	$5.62
2013	5～6	$19.60	$14.04	$5.56
2013	7～8	$19.35	$13.48	$5.87
2013	9～10	$20.50	$11.49	$9.01
2013	11～12	$21.80	$10.76	$11.04
2014	1～2	$24.20	$10.89	$13.31
2014	3～4	$25.25	$11.38	$13.87
2014	5～6	$23.70	$11.74	$11.96

資料：全米生乳生産者連盟(NMPF)。

表 24　酪農マージン保護計画の追加料金

カバーされるマージン水準	生乳 400 万ポンドまで（2014～2015）	生乳 400 万ポンドまで（2016 年以降）	400 万ポンド以上
$4.00	No cost	No cost	No cost
$4.50	$0.008	$0.010	$0.020
$5.00	$0.019	$0.025	$0.040
$5.50	$0.030	$0.040	$0.100
$6.00	$0.041	$0.055	$0.155
$6.50	$0.068	$0.090	$0.290
$7.00	$0.163	$0.217	$0.830
$7.50	$0.225	$0.300	$1.060
$8.00	$0.475	$0.475	$1.360

資料：全米生乳生産者連盟（NMPF）。

択できる（表24）。追加料金は，生乳生産規模が400万ポンド（1,814トン，１頭当たり乳量9,000kgで約200頭）を超えると高くなる。また，保障する生産量のカバレッジについても，25％から最大90％までを選択できる。基準生産量は，各経営体の2011，2012，2013年の３か年のうちの最大の年間生産量を２か月分にするため６で割った値をベースとして，毎年，全米の生産量の伸び率を掛けて調整していく。これは，一種の保険ではあるが，赤字にならないギリギリのマージンはわずかな登録料のみで保障されるという，極めて強力な保護政策なのである。

これに伴い，政府が加工原料乳支持価格を定め，それに対応する乳製品価格で乳製品を買い入れて乳価を支える加工原料乳支持政策（DPSP）は廃止されたが，それに代わって，マージンが４ドルを下回ったら，政府が乳製品の買入れを開始して，市場から隔離して食料支援・援助プログラムに使用するという仕組みができたので，政府の買入れによる価格支持政策が，政府の買入れによるマージン維持政策に衣替えしたことになる。

一方，先述のとおり，ミルク・マーケティング・オーダー（FMMO）制度の下，政府が，乳製品市況から逆算した加工原料乳価をメーカーの最低支払い義務乳価として設定し，それに全米2,600の郡（カウンティ）別に定めた「飲用プレミアム」を加算して地域別のメーカーの最低支払い義務の飲用乳価を毎月公定しているが，この仕組みは維持されている。

輸出補助金（乳製品輸出奨励計画＝DEIP）は廃止されたが，そもそも，WTOの約束に基づき，全廃すべき輸出補助金として，縮小してきていたものである。国際乳製品価格高騰の下で必要性も薄れていた。一方，FMMOに基づき国内の飲用乳価を高く維持して，加工原料乳価を低くして輸出しやすくする「隠れた」輸出補助金は温存されている。

以上から，米国の酪農政策は，さらに合理的で強力な保護政策体系に「進化」したと評価できるのではないだろうか。近年のような生産コスト上昇時には価格を指標にした制度では所得を支えきれない問題をシステマティックに解決するため，政策体系を「販売収入－生産コスト」を支える仕組みに再編成したのである。

米国を手本にするというなら，「岩盤」（所得の下支え）付き収入保険にしないといけないはずだが，我が国では，逆に，農産物価格がどこまで下がっても下がった状態での平均収入しか支えられない「底なし」の収入保険が議論されているように見える。「酪農マージン保護計画」は，まさに全国酪農協会などが提言してきた酪農所得保障制度に極めて近いものであり，米国を手本にするというなら，我が国も堂々と酪農所得保障制度を導入すべきときである。

英国で起きた大手スーパー，多国籍乳業の市場支配力の助長

独禁法の適用除外組織として英国の生乳流通に大きな役割を果たしてきた英国のMMB（ミルク・マーケティング・ボード）解体後の英国の生乳市場における酪農生産者組織，多国籍乳業，大手スーパーなどの動向は示唆的である。MMBが1994年に解体された後，それを引き継ぐ形で，任意組織である酪農協が結成されたが，その酪農協は酪農家を結集できず，大手スーパーと連携した多国籍乳業メーカーとの直接契約により酪農家は分断されていった。

酪農協からの脱退と分裂が進んで市場が競争的になっていく中で，2000年に欧州大陸の乳製品価格が高騰した当時でも，英国の乳価のみが下落を続け，

図６　EU主要国の生産者乳価の比較

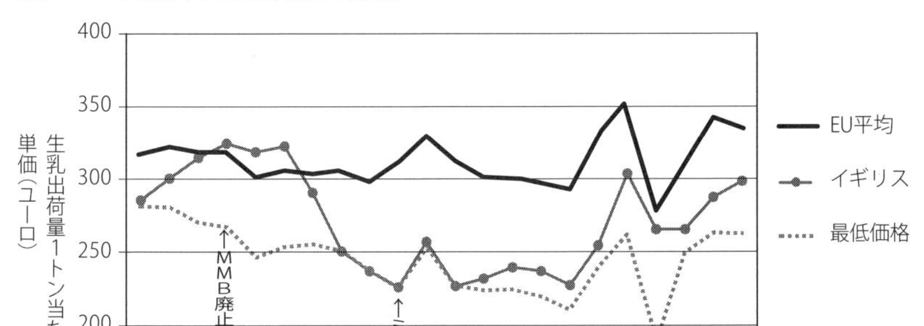

注：「単価」は,生産者価格ベース出荷額を購買力基準（Purchasing Power Standard: PPS）で実質化し，出荷量で割った加重平均値。ただし,「EU平均」は,1991年にすでに加盟国であった12ヵ国から出荷量が非常に少なく異常データをもつギリシャとルクセンブルグを除く10ヵ国（ベルギー・デンマーク・ドイツ・アイルランド・スペイン・フランス・イタリア・オランダ・ポルトガル・イギリス）の加重平均値である。

資料：Eurostat.

出所：農林水産政策研究所木下順子主任研究官作成。

余乳の下限下支え価格であるIMPE（EUのバター，脱脂粉乳介入価格見合い原料乳価）水準にほぼ張り付くようになった。そのため，ついに「紳士的な」英国酪農家の怒りが爆発し，乳業工場やスーパーに対するバリケード封鎖やデモなど,フランス農民も顔負けの混乱へと発展した。これは「Farmers For Action」と呼ばれた。

このFarmers For Actionと並んで,「直接供給契約解約キャンペーン」も起こった。これは，多くの酪農家が酪農協を離れてメーカーと直接契約するようになったため，取引交渉力が弱まり，買い手市場となって乳価が下落したとの認識に基づいている。したがって，乳価の回復のためには酪農家の再結集が必要だとの判断から，生乳生産者連盟（Federation of Milk Producers）が設立され,メーカーと直接取引を行う酪農家グループに対して,直接供給契約を解約して既存の大規模酪農協に再加入するよう呼びかけが行

表 25　英国（北アイルランドを除く）における生乳買い手別の取引酪農家数と取引量（2008/09 年度）

	酪農家数（戸）	取引量（百万ℓ）	1経営当たり取引量（百万ℓ）
Arla Foods UK	1,400	1,600	1.1
Dairy Crest	1,400	1,500	1.1
First Milk	2,600	1,750	0.7
Meadow Foods（Holdings）Limited	520	430	0.8
Milk Link	1,600	1,000	0.6
Muller	150	200	1.3
Robert Wiseman and Sons	830	970	1.2
英国計	13,041	10,979	0.8

資料：Shakeel Ahmed Bhatti, *Development of Dairy Co-operatives in the UK*, LAP Lambert Academic Publishing, 2011.

表 26　英国（イングランド及びウェールズ地域）における生産者組織の集乳量シェアの推移

	最大手の生産者組織名と集乳量シェア		乳業メーカー直接取引の集乳量シェアの合計
1993 年	イングランド・ウェールズ MMB	80 %	15 %
1994 年	ミルクマーク	70 %	30 %
2000 年	ゼニス	10 %	50 %
	アクシス	10 %	
	ミルクリンク	10 %	
2009 年	ファーストミルク	15 %	70 %
	ミルクリンク	10 %	

資料：Dairy Industry Newsletter 編, *UK Milk Report*（各年版）からのデータを用いて木下順子氏作成。

われた。

当時，酪農家のバリケード封鎖等の直接行動と，直接取引解約の「威嚇」効果で，英国の乳価は急上昇し，短期的にはこれらの運動は大きな成果を挙げたかに見えた。また，実際にかなりの酪農家グループがメーカーとの直接契約を解約し，いずれかの大規模酪農協に復帰することを決めたとの報告もあった。

だが，2001年４月時点におけるメーカー直接取引量は，英国の全生乳の50％を占めていたが，2009年現在のそれは70％を超えるほどに増えた。この原因としては，大手スーパーのさらなる寡占化の進行と，それらと独占的な供給契約を結んでいる多国籍乳業メーカーの市場支配力の増大がある。

MMBの独占性を問題視して解体したが，その結果，大手スーパーと多国

表27　英国における牛乳の主な小売業者とその供給元

小売業者名	主な供給元
Tesco	45%： Robert Wiseman Dairies
	55%： Arla Foods UK
ASDA	100%： Arla Foods UK
Sainsbury's	50%： Robert Wiseman Dairies
	50%： Dairy Crest
Morrison's	50%： Dairy Crest
	50%： Arla Foods UK
The Co-op (Somerfieldを含める)	69%： Robert Wiseman Dairies
	16%： Dairy Crest
	15%： Arla Foods UK
Waitrose	100%： Dairy Crest
Marks & Spencer	100%： Dairy Crest

資料：表25に同じ。

籍乳業の独占的地位の拡大を許し，結果的に，酪農家の手取り乳価の低迷に拍車をかけたことは競争政策の側面からも再検討すべきと思われる。つまり，一方の市場支配力の形成を著しく弱めたことにより，カウンターベイリング・パワー（拮抗力）を失わせ，パワーバランスを極端に崩してしまったのである。このような政策は著しく公平性を欠くと言わざるを得ない。大手スーパーと多国籍乳業の独占的地位の濫用にメスを入れずに，生産者サイドの独占を許さないとしてMMBを解体し，独占禁止法上の例外規定も有しない協同組合に委ねたことが，大手スーパーと多国籍乳業の独壇場につながった。「対等な競争条件」にして市場の競争性を高めるというのは単なる名目で，実際には，まったく逆に，生産者と小売・乳業資本との間の取引交渉力のアンバランスの拡大による市場の歪みをもたらしたのである。

我が国では，こうした生処販のパワーバランスに対応して生産者の所得を増加させる観点から，生産サイド（1次産業）が，加工・流通・販売（2次・3次産業）を自らの経営に取り込んでいこうという「6次産業化」の必要性も指摘されている。酪農における「6次産業化」を促進するには，

① 個別酪農家レベルで牛乳・乳製品を加工・販売しやすくするための衛生基準の規制緩和

② 指定団体制度の枠組みの中で個別酪農家の牛乳・乳製品の加工・販売をしやすくするような制度のさらなる柔軟化

も検討される必要があるのは確かだ。酪農における規制緩和の議論の中でも指摘された点である。ただし，個別の販売ルートを確立し，販売力を高めることは重要だが，全体の組織的結集力を軽視してしまうと，価格交渉力を弱めてしまうことは英国の経験からも示唆される。「私の顧客づくり」なくしてはブランド力の強化はできないが，「カウンターベイリング・パワー」（拮抗力）の形成なくしては小売の市場支配力には対抗できない。つまり，組織力の強化と個別の「私の顧客づくり」とを矛盾させるのではなく，最高の形で融合させていくことが求められる。

なお，多国籍乳業の行動について，英国での動向から次の点も示唆される。まず，我が国でも，TPP交渉などの進展を先取りし，酪農家への技術協力などの支援から始まり，酪農家をグループ化していくという，将来的な直接契約を視野に入れた動きが出てくると予想される。乳製品は本国から輸入しつつ，飲用乳については，近隣の中国・韓国への輸出も含めて，日本国内の生産でビジネスが成立するからである。また，国内の既存の乳業メーカーへの資本参加や買収といった動きも起こりうるだろう。

Tescoによる生産者のグループ化をどう評価するか

イギリスの大手スーパーであるTescoは2007年Tesco Sustainable Dairy Group（TSDG）というTesco独自の生産者グループを作った。これは，Tescoと乳業メーカー及び生産者が契約に参画するという制度の下で成り立っている。

生産者と乳業メーカー，乳業メーカーとTescoの他に生産者とTescoの間で補助契約を締結する。補助契約では，動物福祉など生産者が従うべき条件を定めるほか，生乳の価格を生産者のコストに応じて決定する（コストプラス）。乳業メーカーの価格が生産者のコストを下回った場合，その差額をTescoが補償するのである。この契約によりTescoは安定的な乳量を確保できる。2013年現在，720の酪農家が参加しており，３か月に１回のミーティングで新しいプロジェクトや乳価などについてTescoと酪農家の間で話し合われたり，需給等についての情報提供が行われたりしている（東大の修士学生だった竹内麻里奈さんの英国研修報告による）。

この動きを評価する向きもあるが，上述の流れから見ると，大手スーパーによる「安定的な低乳価」取引の実現を上手くカモフラージュしていると見た方がよかろう。

EUにおける「ミルク・パッケージ」

2011年EUでは，欧州議会及び欧州連合理事会による共同採択をもって「生乳部門における契約関係に関する法案」が可決した。一連の改革措置は通称「ミルク・パッケージ」と呼ばれている。直接的な目的は，寡占化した加工・小売資本が圧倒的に有利に立っている現状の取引交渉力バランスを是正することにより，公正な生乳取引を促すことである。施策の内容は，全編を通じて，生産者の交渉力強化への取り組みを総合的に支援するものとなっている。具体的にはつぎの4つの施策が盛り込まれている。

① Contractual relations：生乳取引の「契約化」
② Bargaining power of producers：生乳生産者の「組織化」
③ Inter-branch organizations：生乳サプライチェーンの「業種横断的統合」
④ Transparency：「市場透明性」の促進

これらの施策により，生産者を市場のプレイヤーとして自立へと導き，その結果として，市場における諸問題を生産者が自ら解決する力をもつこと，つまり，生産者の経営安定化への道が生産者自身の主体的取り組みによって切り開かれていくことが目指されている。これは，共通農業政策（CAP）の予算が今後とも削減されていく苦しい財政状況を踏まえて打ち出された，EUの新しい価格・所得政策の基本的考え方を示している。

西欧諸国において酪農品は日本のコメに匹敵する最重要の基礎食料であり，度重なる改革を経てきたCAPの歴史の中でも，酪農政策はなかなか手が付けられてこなかった聖域であった。だが，乳製品支持価格が大幅に引き下げられた2003年以降，EUは酪農政策においても着実に方向性の転換を進めている。その動向を把握することは，わが国農政の今後の制度設計等に対しても有益な示唆を与えるだろう（木下順子「EUの生乳取引市場改革—酪農家の取引交渉力強化をめざす「酪農パッケージ」の概要—」http://www.maff.go.jp/primaff/koho/seika/project/pdf/eucic_cr24-1.pdfから引用）。

対照的なカナダ—「三方よし」の価格形成—

カナダでは，酪農家の生産費をカバーする水準として政府機関のCDC（カナダ酪農委員会）の乳製品（バター・脱粉）支持価格（買上価格）とそれに

表28　カナダの支持価格，直接支払い，酪農家受取目標価格
（乳脂肪3.6%，2001年，13年2月1日改訂）

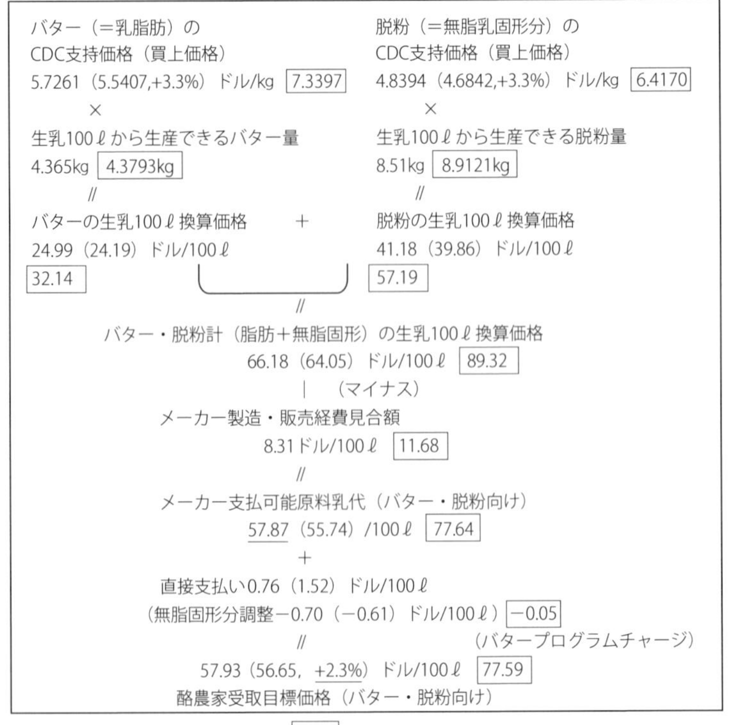

注：（　）内は2000年2月1日改訂。□は2013年2月1日改訂。

表 29　オンタリオ州の MMB－メーカー間取引クラス別成分乳価

（2013 年 4 月 1 日改訂，クラス 5 は全カナダ共通で，2013 年 10 月現在）

	乳脂肪	たんぱく質	他の固形分	平均乳価	格差
	（ドル/kg）	（ドル/kg）	（ドル/kg）	（ドル/100ℓ）	（ドル/100ℓ）
クラス１ａ（飲用乳）	7.1503	7.8249	7.8249	100.07	18.14
１ｂ（クリーム）	7.1503	7.6896	7.6896	98.84	16.91
１ｃ（乳飲料等）	25% YR 1 OR 15% YR 2 OR 10% YR3 DISCOUNT OFF P5 CLASS 1 TARGET PRICES				
クラス２　（アイスクリーム等）	7.9358	6.0484	6.0484	87.05	5.12
クラス３ａ（フレシュ・チーズ等）	7.9358	14.1289	0.8877	84.13	2.20
３ｂ（チェダー・チーズ等）	7.9358	13.6701	0.8877	82.60	0.67
クラス４ａ（バター・粉乳）	7.9358	5.4863	5.4863	81.93 [77.51]	0.00
４ｂ（練乳等）	7.9358	5.5960	5.5960	82.93	1.00
４ｃ（新製品）	25% YR 1 OR 15% YR 2 OR 10% YR3 DISCOUNT OFF P5 CLASS 2（A）TO 4（A）TARGET PRICES				
４ｄ（在庫）	7.9358	5.4863	5.4863	81.93	0.00
４ｍ（国内余剰乳－飼料等）					
クラス５ａ（二次加工用チーズ）	3.4660*	7.5412*	0.9237*	44.40	－37.53
５ｂ（二次加工用チーズ以外）	3.4660*	3.6413*	3.6413*	47.13	－34.80
５ｃ（菓子製造用乳製品）	4.0039*	3.6209*	3.6209*	49.11	－32.82
５ｄ（計画輸出用）	契約ベース				

注：*印は毎月改訂される。[　　] の数値は，3.6%基準成分。

資料：DFO Annual Report 2013.

見合うメーカー支払い可能乳代（バター・脱粉向け）がセットで設定され，それが各州のミルク・マーケティング・ボード（MMB，独占禁止法の適用除外法に基づいた州の全生乳の独占的集乳・販売機関）とメーカー間の取引乳価（バター・脱粉向け）として適用され（表28の77.59と表29の77.51がほぼ一致している），それ以外の用途の取引乳価も価格算定公式に基づいて連動して決定される。つまり，支持価格の変動分だけすべての用途（輸入代替および輸出向けのスペシャル・クラスを除く）の取引乳価を連動して自動的に改訂することで生処が合意している。

2014年９月現在では，バンクーバー近郊のスーパー店頭の全乳１リットル紙パック乳価は３ドル（約300円）で，日本より大幅に高い。日本と比較して，メーカーのMMBへの支払飲用乳価（１ドル＝約100円，日本とほぼ同水準）と小売価格との差は，小売価格が生産者乳価の３倍と大きい。

このように，カナダでは，制度的支えの下での「州唯一の独占集乳・販売ボード（MMB），寡占的メーカー，寡占的スーパー」という市場構造に基づくパワーバランスによって，生・処・販のそれぞれの段階が十分な利益を得た上で，最終的には消費者に高い価格を負担してもらい，消費者も安全・安心な国産牛乳・乳製品の確保のために，それに不満を持っていないのである。つまり，「売り手よし，買い手よし，世間よし」の「三方よし」の価格形成が実現されているのである。

ただし，そのためには，TPPで断固たる対応が必要になり，カナダはそれを押し通した。木下寛之JC総研特別顧問がまとめられているように，カナダは，以下のとおり，TPP参加国に対する無税の輸入枠（TRQ）を新設するが，それを超える輸入に対する高関税には手を付けずに維持することに成功している。

参考表

	TRQ（６年目）	TRQ（19年目以降）	備　考
バター	4,500トン	5,121トン	年率1%の増加とし，TRQの85%は加工用
牛乳	50,000	56,905	年率1%の増加とし，TRQの85%は加工用
チーズ	14,500	16,502	年率1%の増加
低脂肪粉乳	7,500	11,014	年率3%の増加
ヨーグルト	6,000	6,829	年率2%の増加とし，TRQの30%は加工用
加糖れん乳	2,000	2,276	年率2%の増加

	TRQ（６年目）	TRQ（10年目）	備　考
ホエイパウダー	6,000トン	6,224トン	年率１%の増加 10年目にTRQの二次税率を撤廃

	TRQ（１年目）	TRQ（14年目以降）	備　考
全脂粉乳	1,000トン	1,138トン	年率1%の増加
クリームパウダー	100	114	年率1%の増加
クリーム	500	734	年率3%の増加
バターミルクパウダー	750	970	年率2%の増加
ミルクコンスティチュエント	4,000	4,552	年率1%の増加
アイスクリーム・アイスクリームパウダー	1,000	1,138	年率1%の増加
その他乳製品	1,000	1,138	年率1%の増加

第６章　今を凌げば，適切な政策措置と現場の努力で日本酪農の未来は開ける

中長期的な乳製品需給の逼迫基調

近年の世界的な乳製品需給は逼迫の度を強めたのち，急速に緩和基調に転じたが，中長期的には逼迫基調で推移する可能性が高い。こういう状況下で足りなければ輸入に頼るといいと考えていると，お金を出してもなかなか手に入らない状況に陥ることが危惧される。中国での牛乳・乳製品需要の伸びは凄まじく，生産も飛躍的に増えているが，メラミン牛乳や粉ミルクによる乳児死亡事件などの影響で，中国国民は国産牛乳・乳製品より海外産を求める傾向が強い。こうした中，近い将来，乳製品も，飼料穀物も，中国に買い負けるような事態も念頭に置かないといけなくなることが考えられる。いま，日本の国産の牛乳・乳製品の生産基盤をこれ以上縮小してしまったら，あとで慌てても取り返しがつかなくなる。

EUは生産調整（クオータ制）を廃止した分増産基調になろう。米国も先述のような新たな酪農所得補償制度を整備して増産体制を整えており，世界の生乳生産は増える傾向にある。それは世界の需給が趨勢的には逼迫しているためで，ニュージーランドやオーストラリアでも乳価が上がってきている。そこで，EUや米国も国際市場での競争力が改善してくると見越して増産する。しかし一方で，中国やインドの需要増加は非常に大きいし，東南アジア諸国の需要もさらに増えると考えられる。ニュージーランドやオーストラリアの生産余力はもともとさほど大きくはなく，EUや米国は国内需要が元来非常に大きい。したがって，長期的にはまだまだ逼迫基調が続くと考えた方がよい。

欧米にとって酪農は「公益事業」，まさに「聖域」

大きな需要増加は新興国側で継続する一方，欧米は牛乳・乳製品を主食として位置付けており国内需要は非常に大きい。元来低い乳製品の貿易比率を少しでも高めようとしても，これから需要が増える国々にどんどん持っていかれ，日本が常に優先的に買えるわけではない。やはりそれぞれの国が牛乳・乳製品を国内生産で賄うのが基本だ。欧米ではそれが当たり前で，特に米国では酪農は電気やガスと同様な「公益事業」と位置付けられ，必要な時に必要な量を，国民，特に若い世代に供給しなければ国民を守ることはできない。だから海外に依存してはいけないとの考えが浸透している。だから，米国は日本に対しては乳製品の関税撤廃を主張するが，自分たちはニュージーランドやオーストラリアに対して関税を撤廃するつもりは絶対にない。カナダも同様で，乳製品の関税撤廃に最後まで抵抗する。

世界の乳価が日本水準に近づいてくる

国際需給が逼迫して全体の乳価が上がっているだけではなく，そのための増産によって主要生産国で草地に依存した牧草主体の飼い方から穀物多給型

図7　乳製品の国際需給逼迫の新試算

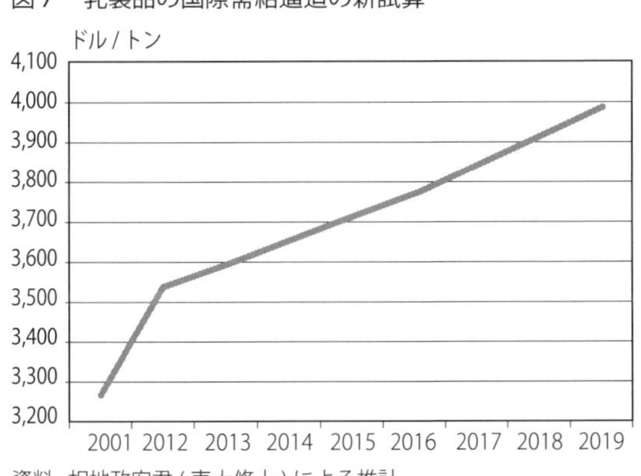

資料：相地政宏君（東大修士）による推計。

表 30　主要品目別に見た基準年の価格と目標年の価格

単位：ドル／トン（耕種作物），ドル／100 kg（畜産物）

品　目	基準年（2011-13 年）の価格	2024 年（目標年）		2024 年（目標年）	
		実質価格	増減率（%）	名目価格	増減率（%）
小麦	263	270	2.6	344	30.8
とうもろこし	258	266	3.1	339	31.5
米	564	563	-0.1	716	27.1
その他穀物	218	224	3.0	281	29.4
大豆	515	543	5.6	693	34.7
植物油	1,155	1,307	13.2	1,656	43.4
牛肉	395	409	3.4	552	39.5
豚肉	190	201	5.8	256	35.0
鶏肉	210	230	9.7	294	39.9
バター	410	527	28.8	662	61.6
脱脂粉乳	376	469	24.7	589	56.5
チーズ	447	467	4.4	586	31.1

注：目標年における名目価格については，小麦，とうもろこし，大豆，植物油のうち大豆油，豚肉，鶏肉は米国の CPI，その他穀物，その他植物油はカナダの CPI，米はタイの CPI，牛肉は豪州の CPI，乳製品はニュージーランドの CPI（いずれも IMF による）を基に算出している。
出所：農林水産政策研究所「2024 年における世界の食料需給見通し」，2015 年 3 月。

の飼い方に変更せざるを得なくなり，各国で酪農生産のコスト圧力が強まっている。その結果，日本との格差がどんどん縮まっている。先述のとおり，10年ほど前は，オーストラリアやニュージーランドの乳価はkg当たり20円，米国・EUが40円，カナダが60円，そして日本が80円と言われたが，今はニュージーランド・オーストラリア・米国・EUが60円，カナダが80円。日本との差は相当に縮まっている。つまり，日本酪農がここで踏みとどまり，生産基盤を維持・強化できれば，競争環境も随分変わってくる。この点を押さえておかないといけない。

このことは，鈴木研究室の新試算（相地政宏君による）でも示されている。今後，新興国の所得向上と人口増加に生産の増加が追いつかず，国際乳製品市況（脱脂粉乳）は，年率1.9％前後の伸びで上昇する可能性がある。すなわち，５年で１割，10年で２割程度の上昇が見込まれる。生乳価格も同様の伸びを示すと考えれば，日本と諸外国との乳価の差は，さらに着実に縮まる可能性があるということだ。

農水省が同時期（2015年３月）に公表した最新の10年後見込みでも，バター，脱脂粉乳の国際価格は，名目で60％前後，実質で30％前後と，大幅な上昇が見込まれている。名目で６割の上昇ということは，日本の酪農家がコスト増加を抑え，現状のコストを維持することができれば，内外価格差は消滅できる可能性もあるということだ。

全面的にプール乳価に基づく補填に切り替えるのが社会的にベスト

このことはまた，貿易自由化が進む中で国内の酪農生産を支援するための政策コストが，従来想定されたよりも縮減できる可能性も示唆している。そこで，かりに関税がない場合に，輸入乳製品の生乳換算価格が，30円から60円まで上昇してくる可能性を考慮し，酪農への補給金システムを組み替えた，いくつかの政策パターンごとに，北海道と都府県の生乳生産コストをカバーするために必要な財政負担額を試算してみた。

３つのケースは次の通り。

①　加工73差額補給（＋不足時府県プール補給）

北海道の手取り乳価が北海道の生乳生産コスト（73.57円/kg）をカバーできるように，加工原料乳の補填基準価格を73円に設定し，取引価格（輸入価格）との差額を不足払いする。かつ，その場合に形成される都府県のプール

表31　加工原料乳取引価格の変化と補給金システムの変更に伴う財政負担の変動

加工原料乳取引価格	①加工 73 差額補給金（＋不足時府県プール補給）			②プール補給				③加工 12＋プール補給				
	総額	加工補給単価	飲用乳価	総額	飲用乳価	対①消費者利益増	対①総経済利益増	総額	加工補給単価	加工補給	プール補給	飲用乳価
円/kg	億円	円/kg	円/kg	億円	円/kg	億円	億円	億円	円/kg	億円	億円	円/kg
60	537	13	96	787	84	552	302	579	12	541	37	95
55	762	18	96	1,196	79	773	340	895	12	543	352	90
50	984	23	96	1,599	74	997	383	1,162	12	483	679	86
45	1,210	28	96	2,012	69	1,226	424	1,512	12	463	1,049	81
40	1,445	33	96	2,430	65	1,457	473	1,922	12	460	1,462	76
35	1,685	38	96	2,852	60	1,693	526	2,336	12	457	1,879	71
30	1,930	43	96	3,280	55	1,932	582	2,756	12	454	2,302	67

資料：鈴木研究室と酪農総合研究所の共同研究
注：加工原料乳は用途をまとめて一本で取引され，同一の取引価格と補給金が支払われると仮定。

乳価が都府県の生産コスト（88.53円）を下回る場合には，その差額も不足払いする。ただし，今回の試算では，都府県への追加的な不足払いは発生しなかった。

② プール補給

加工原料乳への補給金は廃止して，北海道と都府県の生産コストがカバーできるように，73.57円と88.53円とそれぞれのプール乳価との差額を不足払いする。

③ 加工12＋プール補給

加工原料乳への補給金は12円に固定して，それでは北海道と都府県の生産コストがカバーできないので，それに加えて，73.57円と88.53円とそれぞれのプール乳価との差額を不足払いする。

加工原料乳への補給金は都府県の飲用乳価の取引価格をその分だけ引き上げる効果がある。市場が競争的であれば，補給金が北海道の加工向けの手取り乳価を引上げ，それに輸送費を加えた価格が都府県の飲用乳価を形成する構造があるからである。我々の試算では，生乳市場の競争度は時系列的に高まっており，近年は，ほぼ完全競争（図８のrが－１）に近いことがわかる。

このため，①のように，加工原料乳価の手取りを北海道の生産コストがカバーできるように73円に支えると，都府県の飲用乳価が96円に維持できるので，加工原料乳取引価格が30円でも1,930億円の財政負担で都府県の生産コストもカバーできる。取引価格が60円であれば，537億円に縮小する。

これに対して，②のように，加工原料乳への不足払いをやめて，事後的に，生産コストとプール乳価との差額を不足払いする政策を採用すると，飲用乳価が低くなるので消費者負担は減少するが，財政負担は増加し，加工原料乳取引価格が30円の場合は，3,280億円の負担となるが，取引価格が60円になれば，787億円に縮小する。

その中間が，現行程度の固定的な加工向けの補給金12円を維持した上で，北海道，都府県共に，プール乳価への追加的な不足払いで足りない部分を補

図8　都府県と北海道の推測変分（不完全競争度）の推移

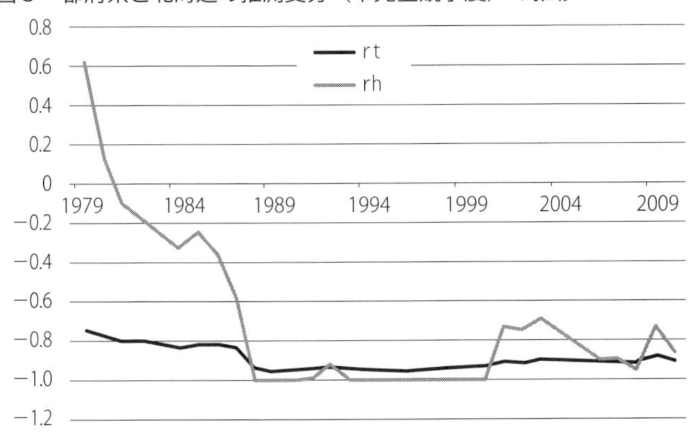

注：rt：都府県の推測変分，rh：北海道の推測変分。推測変分が－1に近いほど協調度が低い。
資料: 竹内麻里奈さん（東大修士学生）作成。

う③のパターンである。この場合は，輸入価格が30円の場合は，2,756億円の負担となるが，輸入価格が60円になれば，579億円に縮小する。

つまり，財政負担の大きさのみから見ると，①が効率的ということになるが，①の場合は，飲用乳価を高く維持することによる消費者負担が生じるので，社会的な負担総額で，加工向け補填の拡充を図るか，プール乳価への補填に切り替えるかのいずれがよいかを議論すべきである。

我々の試算では，②のようにプール乳価への補填に切り替えることによる消費者利益増は①に比べた財政負担増よりも大きいため，社会全体での経済的負担は，300～600億円，軽減されることになるので，社会的に見たベストの政策は，全面的にプール乳価による補填に切り替える政策ということになる。

小売の買いたたきが放置されると乳価が酪農家に還元されない

国際乳製品市況が高騰しても，日本のように小売の牛乳安売りによる生乳買いたたきがあると，酪農家に十分に還元されない危険性がある。

2008年の飼料高騰時に，世界中が生産者価格の上昇でカバーできるように市場が反応したのに対して，日本ではそれが起きなかった。それは生・処・販のパワーバランスにも大きな問題があって，日本では小売段階での力がどんどん強くなっており，小売での安売りの方針が変わらないと，そのしわ寄せが生産者に来てしまう。指定団体制度があっても，それだけ押されている状況がある。

また他国では，生・処・販の力のバランスをつくれるような制度的な価格形成への政府の関与がある。米国には政府の支払い命令がある。政府の買入れによって下支えされた乳製品の市況から逆算した加工原料乳価をメーカーの全国一律の最低支払い義務乳価とする。それに2,600の郡別に法律で定めたプレミアムがあって，それを上乗せした飲用乳価がメーカーの最低支払い義務乳価となる。市況が変化すれば，それに基づいて生産者に支払われる乳価全体も上がっていく。そういう構造がある。生処販のパワーバランスの是正には政策関与に加えて乳業の再編，生産者組織の再編・強化も不可欠である。

生・処・販と消費者のすべてが幸せなカナダの価格形成を見習え

カナダも生産者とメーカーのkg当たりの取引価格は飲用乳で100円と，日本とほとんど変わらないが，小売価格は１リットル300円だ。政府が基本的に生産コストに見合うバター・脱脂粉乳向けの原料乳価が必要だと指標として示すと，非常に大きな権限を持っているミルク・マーケティング・ボードとメーカーとの間で，それが，ほぼ取引価格として自動的に決まる。それをベースにして価格決定公式に基づいて，自動的に飲用乳価などのほかの用途の取引価格も決まる。それにメーカーは十分なマージンを取って，卸し先のスーパーも十分なマージンを取って消費者に販売している。生・処・販それぞれの力が大きく寡占的でパワーバランスも取れているので結局，消費者が我慢して支払う形になっている。

消費者に負担してもらう形になっているが，カナダの消費者は米国産のrbST（遺伝子組み換えの牛成長ホルモン）入りの牛乳・乳製品は嫌なので，価格は少し高くてもカナダ産の牛乳・乳製品の生産を支援するために喜んで支払う。驚くべき構造だが，それぞれの段階が適正なマージンを取って消費者も納得して，持続的にそれぞれの段階が発展できる構造ができている。政府もそれを上手にサポートしている。

欧米は政策の役割を明確に提示している—日本は場当たり的で現場が計画立てられない—

また，日本でパワーバランスを保つための生産者団体の力がなかなか発揮できないのは，バターや脱脂粉乳の在庫調整を誰が担うのかという問題もある。需給調整を政府がやらなくなったからだ。他国では今も，ある水準になると政府が無制限にバターや脱脂粉乳の在庫を買い取る。米国では生産者組織が乳製品工場を持ち，それで需給調整機能を発揮する。最終的には政府に在庫を預けることができるから，飲用乳はしっかりと価格形成することができる。日本ではそういうことができないので，今までは生産者の皆さんが頑張って生産調整を行ってきた。しかし，それには限界がある。生産調整から販売調整への転換も含めて，それぞれの段階で分担してきちんと需給調整コスト負担することももう少し考えないと解決は難しい。

また，不足払い法の改正によって加工原料乳はkg10円プラスαが固定的に乗るだけの補填になっている。生産コストが急上昇したら，それに対応して市場で乳価が反応すべきだが，その部分をどれだけ政策で対応できるかとなると，今の仕組みでは非常に限られている。

補給金制度について，本来の意味での不足払いになるような形に新たな仕組みをもう一度考える必要があると筆者は前から提案していた。しかし，それだけでは都府県の飲用乳地帯の所得が十分に確保できない場合も考慮して，飲用乳地帯についても米国で行われているような不足払いの考え方を導入する。米国ではマーケティング・オーダーの最低義務価格の仕組みでも飲用乳地帯の所得が確保できない可能性が残るので，飲用乳地帯について目標価格との差額を政府が保障する仕組みを02年に取り入れた。その後08年にエサが高騰して，価格を支えるだけでは所得を補填できないことが分かったので，エサ価格が高騰したら飲用乳の目標価格も連動して上がり，必要最低限の差額を補償する政策が，発動基準を明確にして導入された。さらに，14年に全生乳を対象にした「乳価－エサ代」（kg当たり９円，それ以上の補償を望む人は追加手数料で上乗せ可能）のマージン補償に強化した。日本では飼料高騰時に飲用乳についてkg ２円程度，総額100億程度を支出したが，まさに当面の「場当たり的」緊急措置で，どういう条件ならば最低限何が発動されるかがわかるようなシステムにはなっていない。これでは，投資計画を立てるための目安にできない。

先日，北海道の方から，筆者があまりに大変だ，大変だと言うものだから酪農家が減ると怒られた。申し訳ないと痛感している。TPPについても，この４年間，どうなるか分からない状態でズルズルと来て，しかも踏みとどまっているように見せ掛けた。しかし牛肉は関税率38.5％が日豪EPA（経済連携協定）の合意で19.5％に下がり，それで歯止めといいながら米国には９％で１年前に寿司屋で握っていた。「頑張っています」としか言わず，どうなるか分からない不安で現場の酪農家が疲弊させても，自分たちが「頑張ったふり」をして言い逃れするために放置したのは，ゆゆしき背信行為である。

早く真実を話して，しかし，それによって生じる影響はこのような対策できちんとみるということを示し，生産者が見通しを持てるような対策を出さないといけない。他の国はさほど高い保障水準ではなくても，ここまでは政府が支えるので後は自助努力でという目安をきちんと示しているので，それに基づいて投資計画が立てられる。しかし日本はそういうものを示さないで，先送りしているので現場の不安は拭えない。

加工原料乳価１円引き上げに20億円，飲用乳価でも40億円

加工原料乳価	＋	補給金	＋	輸送費	＝	飲用乳価
65	＋	12	＋	18	＝	95

という関係式からわかるように，加工原料乳補給金の引き上げは，やがて

は，その分だけ都府県の飲用乳価も上昇させる効果がある。たとえば，加工原料乳のみへの補給金の５円引き上げに100億円（１円当たり20億円）を投入することで，都府県の飲用乳価も含めて，全体を５円引き上げることができるという点で，極めて財政効率的なのである。配合飼料価格安定基金の借入金の利子補給に投じた110億円と比較されたい。

かりに，乳製品関税が撤廃されても，加工原料乳価が60円にしか下がらないとすれば，

60　＋　17　＋　18　＝　95

と，まさに補給金を５円上げれば，つまり，100億円の財政負担で前と変わらぬ手取り乳価を実現できることになる。

ただし，現行の補給金算定方式では，このような大幅な単価の改定は不可能であり，目標価格との差額を伸縮的に補給する不足払い型の補給金算定方式への変更が必要になる。今度こそ，そうした仕組みに改善すべきである。

2008，2009年のエサ危機には，緊急予算を3,000～4,000億円も手当てした。それを，そのまま緊急的な乳価補填に使えば，機動的に畜産・酪農所得を支えられたが，乳価補填には100億程度しか使われなかった。その他の大部分はどこへ行ったのか。なぜ，もっと直接的に農家の所得補填ができなかったのか。この指摘は，食農審の畜産部会や農畜産業振興機構の第三者委員会において消費者側委員からも指摘された。

我が国の畜産・酪農政策には，様々な政策メニューがあるが，それらを集約して，シンプルに，ピンポイントに，より直接的に酪農・畜産農家の所得形成につながるような政策に集中的に予算配分することが検討されてよかろう。また，めざすべき方向で大枠の予算がとれても，それを現実的にそれぞれの施策に落としていくと，非常に細かくなり，それが現場に行くと，その市町村で一手にそれを引き受けて，似たような事業がまた錯綜したり，書類は多いが使いづらい，効果が実感できないという指摘が相変わらず多い。この辺りは農水省等も相当に改善に努力しているが，さらに，わかりやすさ，使いやすさ，ポイントを押さえて所得形成に届く重点化という点で改善がな

いと，結果的に現場で使いにくいという点を打破できない。農水省によれば，財務省がわざと使いにくくする要件を付けてきて，現場で使用できずに財務省に返還されるように仕組んでいると言う。農水省も，とりあえず予算がつけばよし，となると，結局泣かされるのは現場の農家である。この問題を今度こそ改善しないといけない。

また，我が国では，そもそも「緊急対策」というのは政治家が自身の力で実現したのだと「恩を着せる」ための一過性の対策といえる。政策に曖昧さを維持し，農家を常に不安にさせ，いざというときに存在意義を示すための日本的制度体系である。情けない。この対極が，対策の発動基準が明確にされ，農家にとって予見可能で，それを目安にした経営・投資計画が立てやすくなっている欧米型のシステマティックな政策である。

第７章　本当に「強い酪農」を目指して

自分たちの食は自分たちが守る―「高くてもモノが違うからあなたのものしか食べたくない」―

本当の意味での「強い酪農・畜産」を自分達の力で築くこと，それは単純に規模拡大＝コストダウンでは実現できない。「少々高くてもモノが違うから，あなたのものしか食べたくない」という消費者との信頼関係こそが本当に強い酪農・畜産を実現する。スイスのように，生産過程が，環境にも，動物にも，生き物にも優しいことが，できたものも人に優しい「本物」になるという視点は重要である。

そのキーワードは，ナチュラル，オーガニック，アニマル・ウェルフェア（動物福祉），バイオダイバーシティ（生物多様性），そして美しい景観である。こういった要素を生産過程において考慮すれば，できたものも本物で安全でおいしい。それはつながっている。それは値段が高いのでなく，その値段が当然なのだと国民が理解しているから，生産コストが周辺の国々よりも３割も４割も高くても，決して負けてはいない。

１個80円もする国産の卵を買って，「これを買うことで，農家の皆さんの生活が支えられる。そのおかげで私たちの生活が成り立つのだから当たり前でしょ」と，いとも簡単に答えたスイスの小学生ぐらいの女の子の話に象徴される意識の高さには，日本は相当に水を開けられている感がある。しかし，日本の消費者は価値観が貧困だから駄目だといってしまえば，身も蓋もない。スイスがここまでになるには，本物の価値を伝えるための関係者の方々の並々ならない努力があった。一番違うのは，スイスではミグロ（Migros）などの生協が食品流通の大半のシェアを占めているので，生協が「本物にはこの値段が必要なんだ」と言えば，それが通る。日本の場合は，農協にも生協にも，1組織でそれだけの大きな価格形成力はない。しかし，個々の組織の力は大きくなくても，ネットワークを強めていくことで，かなりのことができる。

スイスでは，ミグロと農協等が連携して，基準を設定・認証して，環境，景観，動物愛護，生物多様性に配慮して生産された「物語」と，できた農産物の価値を製品に語らせて販売拡大を進めた結果，それがスイス全体に普及した。そこで，それを政府が公的な基準値に採用することになり，一方，ミグロは，それでは差別化ができなくなるため，さらに進んだ取組や基準を開発して独自の認証を行うというサイクルで，農産物価値のアップグレードと消費者の国産農産物への信頼強化に好循環が生まれている。こうした農家，農協，生協，消費者等との連携強化は，我が国でも期待したい。消費者は自分たちの命を守るには国内農業生産をしっかり支える覚悟を持ち，生産者は国民の命，健康，国土，環境を守る仕事にさらに誇りを持って踏ん張る必要がある。

また，スイスの卵の例のように，あれだけ高く買われていても，スイスでは生産費用も高いので，高くても買おうというときの理由と同様の根拠（環境，動物福祉，生物多様性，景観等）に基づいて，スイスの農家の農業所得の95%が政府からの直接支払いで形成されている。イタリアの稲作地帯では，水田にオタマジャクシが棲めるという生物多様性，ダムとしての洪水防止機能，水を濾過してくれる機能，こういう機能が米の値段に十分反映できてないなら，みんなでしっかりとお金を集めて払わないといけないとの感覚が直接支払いの根拠になっている。

根拠をしっかりと積み上げ，予算化し，国民の理解を得ている。スイスでは，環境支払い（豚の食事場所と寝床を区分し，外にも自由に出て行けるように飼うと）230万円，生物多様性維持への特別支払い（草刈りをし，木を切り，雑木林化を防ぐことでより多くの生物種を維持する作業）170万円などときめ細かい。消費者が納得しているから，直接支払いもバラマキとは言われないし，生産者は誇りをもって農業をやっていける（安く売って補填で凌ぐのでは誇りを失うとの農家の声も多いので，農家の努力に見合う価格形成を維持し，高く買ったメーカーや消費者に補填するような政策も検討すべきではあるが)。一方の日本での漠然とした「多面的機能論」は，国民からは保護の言い訳だと言われてしまいがちである。こういう点でも，日本は欧州に水を開けられている。もっと具体的な指標に基づいて，理解促進を急がねばならない。

本物の品質

そして，消費者に支持されるには，ホンモノを提供し続ける信念が不可欠である。

酪農・乳業経営には，本来の風味があり栄養価の保持された「本物」の牛乳を提供する基本的使命をまず果たした上で，経営効率を問題にするという発想が必要である。そもそも，日本の消費者が味の違いで還元乳と普通牛乳が区別できないのは，日本では，120度ないし130度２秒の超高温殺菌乳が大半を占めているからである。普通牛乳であっても，（失礼ながら）あまり味覚が敏感とは思われない米国人が「cooked taste」といって顔をしかめる風味の失われた牛乳を日本人は飲んでいるから，還元乳との味に差を感じないのである。米国やイギリスでは，72度15秒ないし65度30分の殺菌が大半である。２秒の経営効率に慣れてしまった現在，また，消費者がむしろ「cooked taste」に慣れて本当の牛乳の風味を好まないという側面から，いまさら，業界全体が72度15秒ないし65度30分に流れることは不可能という見解も多い。しかし，消費者の味覚をそうしてしまったのも業界である。しかも，非常に重要なことは，「刺身をゆでて食べる」ような風味の失われた飲み方の問題だけでなく，超高温殺菌によって，①ビタミン類が最大20％失われる，②有用な微生物が死滅する，③タンパク質の変性によりカルシウムが吸収されにくくなる，等の栄養面の問題が指摘されていることである。定説にはなっていなくとも，可能性のある指摘については，消費者の健康を第一に，もう一度，この国の牛乳のあり方を考え直してみる姿勢が必要ではないかと思われる。味以前の問題として，健康に一番よい形で牛乳を提供していないのなら，食にかかわる人間として失格という意識が必要である。

米国や英国で当たり前の常識になっている72度15秒が，どうして日本の大手メーカーではできないのか，と問い続けて10年以上，ずいぶん異端児のように見られたが，ついに，大手メーカーの１社が「常識」を覆した。まさに，コペルニクス的転換である。売り上げは伸び悩んだが，このチャレンジは次につながるに違いない。

2011年10月の英国のスーパー店頭調査（木下順子氏による）でも，有機牛乳については，高級スーパーでは売場面積20～40％程度を占め，中級スーパーでも10％程度を占めていた。また，低温殺菌が主流で，高温殺菌乳は見られない状況であった。さらに，環境に配慮した牛乳であることをカーボン・フットプリント（CO_2の足跡の総量把握）で示す取組みも行われていた。

よく話題になるフード・マイレージは輸送に伴うCO_2排出を数値化するものだが，それだけでなく，生産から加工，輸送を経て店頭に並び消費される

（参考）　英国スーパーにおける牛乳の販売状況（木下順子氏による 2011 年 10 月調査）

(1) ほぼ100％国産。ごくわずかにフランス産（Candia）のUHT乳があるのみ。
(2) 有機牛乳については，高級スーパーのWaitroseで最も充実しており，ロンドン中心部の店舗では売場面積40％程度を占めていた。一方，M&Sでは20～30％程度，Sainsbury'sやTescoなど中級スーパーでは10％程度であった。Icelandなどのディスカウント店の多くでは取り扱いがなかった。
(3) 殺菌方法は低温殺菌が主流。高温殺菌は見られない。常温保存可能な超高温殺菌牛乳（UHT）は日本よりも取り扱いが多く，売場面積の10～30％を占めていた。UHT乳の売場は，冷温保存用の牛乳売場とは離れた，常温の清涼飲料水や缶詰などの売場近くに配置されていた。
(4) 大手メーカーやPBの国産品は，ほぼすべてAssured food Standardsの認証を受けた酪農経営からの生乳を使用。大手メーカーによる，いわゆる「産地限定」や「酪農家限定」をうたった商品は見られなかった。産地限定の場合は家族経営の酪農家がメーカーであった。
(5) カーボン・フットプリントを表示したものは，TescoのPB商品に見られた。1pint（パイント）当たりのCO_2排出量として，全乳には900g，低脂肪乳には800g，無脂肪乳には700gと表示されている。Tescoは2009年に英国で始めて牛乳にカーボン・フットプリントを表示した小売店であり，牛乳以外の他のPB商品にも表示を実施している。 

までの全過程を合計したCO_2排出量であるカーボン・フットプリントを記載する取組みである。生産・加工・流通・消費の全行程でのLCA（ライフ・サイクル・アセスメント）に基づくカーボン・フットプリントは，低投入，地産地消，旬産旬消が環境にもっとも優しいことを数値化して消費者に納得してもらう試みである。

牛の健康がすべてにつながる

健康な牛とは何か。人間だけでなく，この世に生を受けたものすべてに共通することとして，快適に天寿を全うできることが，「健康」の意味ではないかと思う。筆者はビジネスとしての背に腹は代えられぬ酪農家の経営選択を否定するものでは全くない。酪農家が生きていくためには，経営の効率化が不可欠である。そのためには牛の立場から考えるような余裕はないかもしれない。牛のことばかり思いやって経営が倒産したのでは元も子もない。

しかし，ひとたび牛の立場に立ってみると，なかなか考えさせられてしまう。牛は効率的に牛乳生産をするための道具ではない。十分な運動のできるスペースも与えられず，搾れるだけ搾って，出が悪くなったら，２～３産で屠殺されてしまうのでは，牛の一生はあまりにも悲しくはないか。肉牛の場合は肉にするのが目的だから，そんなことも言っていられないが，牛乳生産の場合は少し違う。可能な限り長生きしてもらうことは不可能ではない。

牛が十分に運動できる放牧スペースがないのに頭数を増加すると，牛が快適でないだけでなく，糞尿の過投入で，硝酸態窒素の多い牧草によって牛が酸欠症でバタリと倒れて死亡してしまう。これは「ポックリ病」とも呼ばれ，平均100頭程度死亡しているとの統計もある（西尾道徳『農業と環境汚染』農山漁村文化協会，2005年）。

そして，rbSTは，牛を酷使して効率を追求しようとする技術の代表格であるが，絶対に大丈夫だと言われていたにもかかわらず，前立腺ガンや乳ガンの確立が高まるとのデータが明らかになってきた。結局，牛に無理をさせることによって，そのツケは人にも波及してきているのである。BSE（狂牛病）もまた，そうであった。牛乳の成分を高めるために，通常なら草を主体にする牛の食生活を人為的に変更してしまったツケといえなくもない。つまり，自然の摂理に逆らうことが，環境や牛の健康や人の健康に様々な悪影響を及ぼしつつある。経営効率を優先することは大事だが，牛を酷使し，環境に負荷を与え，回りまわって人の健康をも蝕むならば，それで儲かって何になるか，ということになろう。業界としても，かりに目先の業界の利益にはなっても，全員で「泥船」に乗って沈んでいくようなものである。つまり，長期的には，本当の意味での経営効率を追求したことにはならないわけである。

経営の成立・存続と牛の健康が矛盾するような社会ではなく，牛を大切にし，健康な牛になってもらわなければ，経営も成り立たないような社会が望まれる。実は，環境にも，家畜にも，人にも優しい酪農・畜産は，経営効率とも矛盾しない。家畜にとって理想の環境は次の三つである。「外気と同じ品質の空気」,「草原と同じ機能を持った牛床」,「食う，飲む，横臥の自由」。我々に必要な考え方は，「理想に近づける」である。理想に近づいた程度と家畜の健康度はパラレルの関係にある。動物にも人にも優しい環境を創ることが高い生産性を得る唯一の方法である（コンサルタントの菊地実先生による)。

遺伝子組み換え牛成長ホルモン

米国では，10年に及ぶ反対運動を乗り越えて，1994年以来，rbST（遺伝子組み換えの成長ホルモン）を乳牛に注射して生産量の増加（乳牛を「全力疾走」させて乳量を20%以上アップし，数年で屠殺）を図っている。日本やEUやカナダでは認可されていない。

このホルモンを販売したM社は，かりに日本の酪農家に売っても消費者が拒否反応を示す可能性について筆者（農水省勤務当時）と議論したのち，日本での認可申請を見送った。そして，「絶対大丈夫，大丈夫」と認可官庁と製薬会社と試験をしたC大学（図９のように，この関係を筆者は「疑惑のトライアングル」と呼んだ。なぜなら，認可官庁と製薬会社は「回転ドア」人

図９　疑惑のトライアングルの相互依存関係

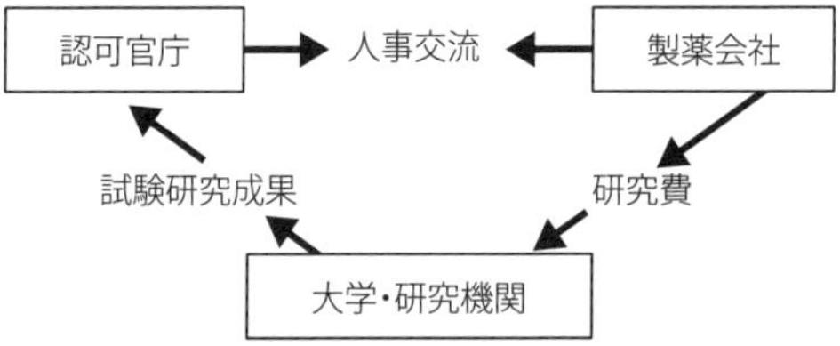

認可官庁 → 人事交流 ← 製薬会社
製薬会社 → 研究費 → 大学・研究機関
大学・研究機関 → 試験研究成果 → 認可官庁

出所：鈴木宣弘『寡占的フードシステムへの計量的接近』
農林統計協会，2002 年

事交流，製薬会社の巨額の研究費で試験結果をC大学が認可官庁に提出するからである）が，同じテープを何度も聞くような同一の説明ぶりで「とにかく何も問題はない」と大合唱していたにもかかわらず，人の健康への懸念も出てきている。

rbSTの注射された牛からの牛乳・乳製品にはインシュリン様成長因子IGF-1が増加するが，すでに，1996年，米国のガン予防協議会議長のイリノイ大学教授が，IGF-1の大量摂取による発ガン・リスクを指摘し，さらには，1998年に「サイエンス」と「ランセット」に，IGF-1の血中濃度の高い男性の前立腺ガンの発現率が４倍，IGF-1の血中濃度の高い女性の乳ガンの発症率が７倍という論文が発表された。このため，最近では，スターバックスやウォルマートを始め，rbST使用乳を取り扱わない店がどんどん増えている。

ところが，認可もされていない日本では，米国からの輸入によってrbST使用乳は港を素通りして，消費者は知らずにそれを食べているというのが実態である。日本の酪農・乳業関係者も，風評被害で国産も売れなくなることを心配して，この事実をそっとしておこうとしてきた。これは人の命と健康を守る仕事にたずさわるものとして当然改めるべきである。むしろ，輸入ものが全部悪いとは言わないが，こういうこともあるんだということを消費者にきちんと伝えることで，自分たちが本物を提供していることをしっかりと認識してもらうことができる。

TPPが発効したら，rbST使用乳製品がさらに押し寄せてくる。米国政府試算では日本への乳製品輸出は約600億円増加すると見込んでいる。「食に安さだけを追求することは命を削り，次世代に負担を強いること」だとの認識が不可欠であろう。

発想の転換―「家族経営」とは何か―

20年ほど前に筆者は欧米の酪農家の実態調査などを基に，次のように述べた。

「欧米でも酪農は家族経営（ファミリー・ファーム）が主流だ」という言い方がよくされるが，我々が家族経営というときに想定するような家族労働力を黙々と燃焼させる「家族経営」のイメージとは大きく異なることを認識する必要がある。

ヨーロッパでの家族経営の内容といえば，経営主はマネジメントだけをし，飼料生産はコントラクター，搾乳はヘルパー，とアウトソーシング（外部化）されており，夫人は酪農には携わらない，というような非常に企業的な「ワンマン経営」で100頭以上の家族経営が成立している状況である。

米国の場合は，アウトソーシングよりは，常雇用の形をとり，経営内で飼料生産，搾乳，機械等の作業分担を明確化・専門化して効率を上げている場合が多い。また以前はカリフォルニア型といわれた飼料生産を完全に切り離した巨大な搾乳専門経営は，中西部北部や北東部の伝統的な家族酪農地帯でも顕著に増加している。

つまり，家族経営が創意工夫して，外部化する部分を増やしたり，雇用を入れたりして企業的経営になり，メガファームになり，経営形態的にも法人化したとしても，実質的に，それは家族経営なのである。

そして，経営の「常識」はどんどん覆される。「粕では牛が傷む」といわれた「タダより安い」粕による飼養で乳量１万kg近くを達成したり，熟練が必要とされた搾乳作業を，マニュアル化すれば素人さんの方がかえって癖がなくて上手い，といわれるほどに未経験パート労働力を搾乳作業に効率的に導入し，無理なく３回搾乳を実現し，乳量アップにつなげることなどは，一昔前は「非常識」だった。しかし，粕の利用とパート搾乳（３交代の24時間体制）による３回搾乳で１万kgということは，今では，北海道から九州まで，全国的に一般化してきている。パート搾乳については，市街地が近接した地域でないと困難だとの指摘が以前はよくなされたが，全国ほとんどの地域で可能なことが実証された。この点でも「常識」は覆された。

「どうせ無理だろうから」という思考に陥らず，自分の信念を貫いて，自身の経営方針を貫く，理想を追求する，主張すべきは主張する，といった不屈の精神があれば，道は開ける。酪農家や酪農関係組織の一人一人が，地域の10年後の姿を描いて，それを自身が支える覚悟と，次の世代も育てる覚悟を新たにし，そのために必要な効果的なサポートも提案いただきたい。

人と違うことを恐れていては独自の道を切り開くことはできない。Thomas A. Lyson教授（農村社会学）は，1995年７月，次のように語ったのが，今でも印象に残っている。

経済学者はマネジメントの「良し悪し」という形で大規模酪農と小規模酪農を同一の直線上でみるが，社会学者は違う。小規模農家はマネジメントが「悪い」のではなく，酪農のやり方が違うのである。大規模酪農家は酪農をway of lifeとしてよりビジネスとして捉え，規模拡大意欲が高く，rotational grazingのような低投入技術には関心が薄い。一方，小規模酪農家は酪農をway of lifeとして捉え，rotational grazingのような低投入技術により関心を示し，乳量は大きくないがコストも低いという経営をしている。彼らは，経済学者が言うように「悪い」マネジメントのために淘汰されるのではなく，大規模酪農とは別の低投入方式で将来とも生き残るであろう。

さらに，1997年に筆者が訪問したニューヨーク州の酪農家夫妻の言葉もよく思い出す。コーネル大学畜産学科を卒業して，1981年には300頭まで規模拡大した酪農家であったが，その後縮小し，休みを取りづらい酪農家を支援するファーム・シッターを中心にした経営に転換した。かなりの山中に住み，ソーラーシステムによる自家発電で暮らす独特の暮らしぶりを楽しんでいた。夫妻がさかんに言ったのが，私たちはjust differentだ。日本人は，少し違う取り組みをする人を「変わっている」というが，彼らは，「みな，それぞれ違うのだ。それだけのこと。」という感覚なのである。

海外の飼料には頼れなくなってくる

近年，酪農・畜産経営は輸入飼料の高騰に苦しめられてきた。今後についても，飼料穀物の逼迫基調が続くことが，先述の農林水産政策研究所の見通しでも示されている。すなわち，飼料穀物価格は10年後に名目で30％程度の上昇が見込まれ，その他の物価上昇を差し引いた実質でも３％程度の上昇と見通されている。つまり，実質的に見ても，現状程度の高止まりのまま推移するということである。

このように，飼料の海外依存のコストは高まりこそすれ，低くなる見通しは立てにくい。これに対する防衛策は，従来以上に真剣な自給飼料対策の強化である。飼料米については，否定的な見方もあるが，相当な可能性も期待できるように思われる。

東京農大の信岡誠治准教授によれば，牛についても配合飼料の４割程度をコメで置き換えることが可能とし，農林水産省の給与可能量の試算値453万トンの２倍以上の1,205万トンが飼料米で置き換え可能と試算されている（表32）。

具体的な取組事例をいくつか挙げると，新潟県のJA北魚沼では，日本一高い「魚沼コシヒカリ」を酪農家の飼料にして大きな成果を上げている。搾乳牛１日１頭当たり飼料米を6.5kg給与し，配合飼料の45％を置き換えている。配合飼料価格が64.8円/kgなのに対して，飼料米価格は32.4円/kgで，年間利

表 32　飼料用米の潜在需要量（東京農業大学信岡誠治准教授の試算値）

単位：万トン

区分	採卵鶏	ブロイラー	養豚	乳牛	肉牛	合計
配合飼料生産量	618	385	601	313	446	2,363
配合可能割合	60%	60%	50%	40%	40%	51%
利用可能量	371	231	301	125	178	1,205

注：農林水産省は給与可能量を 453 万トンと試算している。

表 33　飼料単価の比較（千葉県の高秀牧場の場合）

単位: 円/kg

	粗飼料		濃厚飼料	
	購入	イネ WCS	配合	飼料米
現物単価	64	15	54	25
乾物単価	75.3	50.0	61.4	29.1
水分率	15%	70%	12%	14%

表 34　飼料費の比較（千葉県の高秀牧場の場合）

単位：円

	粗飼料		濃厚飼料		合計
	購入	イネ WCS	配合	飼料米	
輸入飼料依存型	904	―	737	―	1,640
国産飼料活用型	―	600	442	140	1,182
差額	304		155		458.7
逓減率	34%		21%		28%

注：採食量(乾物)：乳牛１頭１日当たり 24kg（粗飼料：濃厚飼料＝5：5）
　　輸入飼料依存型: 購入粗飼料 12kg，配合飼料 12kg
　　国産飼料活用型: イネ WCS12kg，配合飼料 7.2kg，飼料米 4.8kg

用量が平成26年産米で，酪農家４戸で340トンになるので，（64.8－32.4）×340＝約1,100万円の飼料費の節減を実現している。４戸のうち一番大きい酪農家で経産牛47頭，初妊牛10頭の経営だが，この酪農家は，年間500万円の飼料費の節減に成功している。

また，新潟県の酪農法人経営の実践では，「新潟次郎」という700kg/10a程度の多収性品種を使えば，イナワラも柔らかいので食い込みがよく，良質粗飼料として十分使えるので，購入飼料だと60～70%になる乳飼比を，飼料米とイナワラによって30%程度に抑え，60～70円/kgの輸入粗飼料費を飼料米のイナワラで30円程度に抑えることができている。

ほぼ同様の成果は千葉県の牧場の実践でも確かめられる。表33，表34のように飼料費を28%節減し，表35のように，乳飼比を27%にまで抑えることに成功している。こうした取り組みも参考になろう。

飼料米による国産飼料の拡大は，コスト削減につながるのみならず，強力な除草剤のラウンドアップをかけても枯れない遺伝子組み換えの輸入トウモロコシや大豆に対するラウンドアップの残留毒性も含めた消費者の不安を払

表35　実際の給与メニュー（千葉県の高秀牧場の場合）

	飼料	給与量（kg）	単価（円/kg）
粗飼料	コーンサイレージ	12	10
	イネWCS	6	15
	牧草サイレージ	6	15
濃厚飼料・粕類等	配合飼料	6	43
	サプリ	1	70
	ビール粕	8	13
	酒粕	1	11
	しょうゆ粕	2	13
	米ぬか	4	30
	飼料米	4	20

注：飼料費：969円/日
　　乳量：36kg/日×約100円/kg＝3,600円
　　乳飼比：27%

しょくすることにもなるので，安全・安心な国産飼料による自給をめざすことが，コスト削減と消費者の信頼向上につながる有効な手段といえる。ただし，現状の手厚い飼料米への補填が長期的に継続されることが前提であり，現場が安心して投資して取り組めるよう，この点について，将来にわたる確固たる方針が「確約」されるべきである。

「今だけ，金だけ，自分だけ」＝「3だけ主義」の克服

世界情勢を見ると，他国の生産コストは上がり，需給も中長期的には逼迫が見込まれる中，今を頑張って国内の生産を維持できれば展望が開ける。「関税を削減しても，10年後には需給逼迫によって国際乳製品価格が上昇し，日本の製品も競争力を持ってくる」可能性はある。酪農をめぐる現状は厳しいが，ここが酪農家，乳業メーカーにとっても踏ん張りどころであるし，それに対して政策ではここまでやるという最低限の目安を示してもらうことがぜひ必要である。内外価格差の縮小によって財政負担額も軽減できる。米国の「乳代－エサ代」の最低限のマージン補償のような政策発動が予見可能なシステムを構築し，酪農・乳業の将来計画が立てられるようにすることが不可欠である。また，生処販のパワーバランスの是正には政策関与に加えて乳業の再編，生産者組織の再編・強化も不可欠である。

つまり，日本の酪農・乳業も，もう一踏ん張りして，今を耐え凌ぎ，かつ，適切な政策支援が明確に示されれば，相当な貿易自由化が進んでも，経営の持続的発展が見込める。だから，いまを乗り切れるかどうかが決定的に重要なのである。現場の酪農家にどうしても必要な政策支援をしっかりと確保しつつ，もう一踏ん張り努力すれば，必ずや明るい未来が開けてくる。日本酪農・乳業の底力を見せつけるときである。

そのためにも，もう一度問いたい。日本では，自己や組織の目先の利益，保身，責任逃れが「行動原理」のキーワードにみえることが多いが，それは日本全体が泥船に乗って沈んでいくことなのだということを，いま一度肝に銘じるときである。とりわけ，組織のリーダーの立場にある方々は，よほど若い人は別にして，それなりの年齢に達しているのであるから，残された自身の生涯を，拠って立つ人々のために我が身を犠牲にする気概を持って，全責任を自らが背負う覚悟を明確に表明し，実行されてはいかがだろうか。それこそが，実は，自らも含めて，社会全体を救うのではないかと思う。いくつになっても，責任回避と保身ばかりを考え，見返りを求めて生きていく人生に意味はあるだろうか。

2015年１月20日の一般教書演説でオバマ大統領は「世界で最も急速に成長している（アジア）地域のルールを中国がつくろうとしているが，これは米国に不利益をもたらす。このままではいけない。(TPPによって) 米国が（アジアの）ルールをつくり, 対等な競争条件を確保するために, 自分にTPA（一括交渉権限）を与えてほしい」と，アジアを巡る米中の覇権争いを公言して，共和・民主両党議員に呼びかけた。「アジアのルールは米国がつくる」とは不遜極まりない。

TPPには環太平洋地域における米中の経済ブロック化の覇権争いの要素もある。戦前のブロック化が第二次世界大戦を招いた歴史の教訓を忘れてはならない。これ以上，日本が米国に加担することは日本と世界の人々の将来を崩壊させる。日本が踏みとどまれるかどうかが，米国多国籍企業に人々が苦しめられる世界の形成から人々を救う「砦」である。人々が助け合い支えあって共に発展できる世界を守るために，我々日本国民に課せられた責任は重い。

TPPを推進し，米国に擦り寄ることで，国民の将来と引き替えに，自身の地位や政治生命が数年延ばせたとしても，そんな人生は本当に楽しいのであろうか。過去の過ちは仕方ないとして，人生の終盤に，国民のために，我が身を犠牲にする覚悟で米国と対峙し，国民を守ることができたならば，自他ともに納得の行く人生を終えられるのではなかろうか。そういう気骨ある政治家・官僚が出てきてくれるような「うねり」を起こす必要がある。

自分たちの目先の儲けと地位の確保しか眼中にない「今だけ，金だけ，自分だけ」の「１％」ムラが国民の大多数を欺いて，TPPや規制改革を推進していく力は極めて強力で，既存の農家，組織，地域を潰して，日米大企業を儲けさせる露骨な姿勢が明白だ。しかし，「今だけ，金だけ，自分だけ」では持続できる地域の発展も，国民の命も守ることもできない。地域を守ってきた人々や企業や相互扶助組織は不当な攻撃に屈するわけにはいかないのである。我々が発展してこられたのは，「今だけ，金だけ，自分だけ」と正反対の取組みをしてきたからである。自己の目先の利益だけを考えているものは持続できない。持続できるものは，地域全体の将来とそこに暮らすみんなの発展を考えている。我々には地域の産業と生活を守る使命がある。このような流れに飲み込まれないように踏ん張って，自分たちの地域の食と暮らしを守り，豊かな日本の地域社会を次の世代に引き継ぐために，今こそ奮闘すべきときである。

TPP問題を契機に真の「強い農業，酪農・乳業」を実現するための政策体系を再構築しよう。その方向性を本当に現場に合った形で効果が実感できるものに具体化するには，日々，現場で懸命に努力されている酪農家，そして酪農家とともに悩み，現場をリードされている乳業メーカーを含む関係者が大きな力を発揮してくれることが期待されている。流れを創るのは現場からのフィードバックである。事実，これまでも政策を動かしてきたのは現場の努力と声だということを忘れてはならない。

農業，酪農・乳業の営みというのは，国民の心身と健全な国土環境を守り育むという，大きな社会的使命を担っている。その大きな思いと誇り，そして自らの経営力・技術力を信じることが，厳しいときにも，常に前を向いて進んでいく底力を生み出してくれる。我々は簡単にへこたれるわけにはいかない。

おわりに―2010年の指摘から現在までの変化―

2010年11月４日の札幌での講演で，筆者は，概ね，政策的に検討が必要な事項として，次のものを挙げた。それから，事態はどう進展したであろうか。

① 加工原料乳の補給金単価を，ある目標水準との差額を補填する形で算定することにより，乳製品の関税削減等に伴う加工原料乳価の下支えと，それによる飲用乳価の下支え機能を強化する。そのことは，今回の生産資材価格高騰に対応して発動された「直接支払い」を，その場かぎりの緊急措置として，その都度議論するのでなく，ルール化された発動基準にしてシステマティックな仕組みにし，経営者に見通しが持てるようにすることでもある。

② 加工原料乳価と飲用乳価との連動には時間のズレもあるので，加工原料乳価のみを支えることで飲用乳価を支えることができなくなる場合を想定して，加工原料乳価，飲用乳価の両方への不足払い，あるいは，プール乳価に対する不足払い（直接支払い）を検討する。

③ 生産調整から販売・出口調整への移行に向けて，需要の見込まれるチーズ等の輸入代替を進めるため，チーズ向け乳の目標価格をバター・脱脂粉乳の目標価格と同等にし，輸入代替価格との差額を補填する仕組みに拡充し，ホエイ処理への支援も行う。また，生産枠でなく用途別の出荷枠と用途別補填額に基づいて，各酪農家が柔軟に生産・販売を選択できるような体系を検討する。図10に示したように，生産枠ではなく，用途別の販売枠として，個別経営レベルで各用途別の補填額も見ながら，高価格の飲用の枠内だけで生産を行うという選択も，援助向けの低乳価も受け入れて可能なかぎり増産するという選択もできるような，「用途別の販売クオータ」の個別選択制度を導入し，個々の経営力が存分に発揮できる環境を整備すべきであろう。

図10 用途別販売クオータと補填体系のイメージ

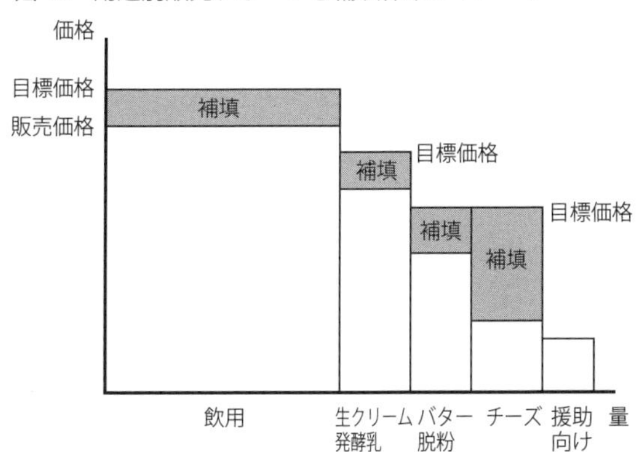

④ 全国9ブロック体制をさらに集約し，全国的な配乳調整と販売収入の分配ルールを策定する。

⑤ 酪農協の乳製品加工施設を充実し，余乳処理能力を高める。

⑥ 乳製品を人道的見地から機動的に海外食料援助に振り向けるルールを策定する。

⑦ 国産牛乳・乳製品のアジア諸国への販路拡大に努める。

⑧ 環境にも牛にも生き物にも人にも景観にも優しい資源循環型経営の実践を支払い要件（クロスコンプライアンス）とする施策範囲をもっと広げるとともに，さらにハイレベルの環境に優しい経営実践（非遺伝子組み換え飼料の使用，有機牛乳生産など）に対しての環境支払いを充実する。

⑨ 飼料自給率向上をスローガンに終わらせないよう，酪農家が経営選択として飼料自給率の向上に乗り出すに十分な補填を準備する。飼料米については，たとえば，飼料米を購入する飼料会社や酪農家に差額補填を行うことで，稲作農家との取引を促進する。

⑩ 消費者の嗜好の変化にも配慮し，無理のない生産体系の誘導に向けて乳脂肪率の取引基準，牛肉格付けにおける脂肪交雑の取扱いを再検討する。

⑪ 酪農における「6次産業化」を促進するための，(a) 個別酪農家レベルで牛乳・乳製品を加工・販売しやすくするための衛生基準の規制緩和，

(b) 指定団体制度の枠組みの中で，個別酪農家の牛乳・乳製品の加工・販売をしやすくするような制度のさらなる柔軟化を進める。

⑫ 地域の消費者，商店街，観光産業，企業等，様々な関係者が「酪農が近くにあることの価値」を共有し，酪農家という大事な隣人が失われ，地域の産業と生活が停滞する前に，少々割高でも地元の牛乳・乳製品を買い支え，加工し，販売していくような地域プロジェクトを創り出すコーディネーターないしファシリテーターを育成する。

⑬ トウモロコシ等の輸入飼料原料の安定確保のため，穀物メジャーに頼らない独自の調達力を強化する。

これらの課題は，部分的には，進展したものもあるが，残念ながら，多くはいまも未解決のままであり，さらに検討を加速すべきであろう。②については，新たな試算によって，プール乳価に対する直接支払い制度が，財政負担は増えるが，消費者負担の減少によって，最も社会全体の経済利益を高める上で望ましい政策であることを指摘した。ぜひ，参考にしていただきたい。

これらに加えて，もう一つ追加したいのは，政府に頼らずに，命を守る大切な国産の牛乳・乳製品を国民自身が守っていくための市場ルールの形成を挙げたい。以前，酪農乳業情報センター（のちのJ-Milk）を立ち上げたときのフォーミュラ（formula）作成の議論の拡充・強化である。

2008年の飼料危機は象徴的だった。餌代がkg当たり20円も30円も上がって，生産者が何とかしてくれと言ったけれど，小売大手の安売り要請が強く，酪農家がバタバタと倒れた。これは日本が一番ひどかった。他の国では小売価格も３カ月のうちに30円も上がって，みんなが自分たちの大事な食料を守ろうとするシステムが動いた。このシステムが働かないのが日本だ。まさにこれも「今だけ，金だけ，自分だけ」といえる。買いたたいてビジネスができればいい，安く買えればいいと，それだけでは，つくってくれる人が疲弊したら，ビジネスもできなくなる。食べることもできなくなる。自らの首を絞めていることに気付かない。みんなが泥舟に乗って沈んでいくようなものだと認識し，どうやって自分たちの食料を守っていくのかを考えなくてはならない。

2014年9月時点では，カナダ・バンクーバー近郊のスーパー店頭で販売されている紙パックの牛乳1リットルの価格は3ドルで，日本より大幅に高い。カナダでは，制度的な支えの下で「州唯一の独占集乳・販売ボード（MMB），寡占的メーカー，寡占的スーパー」という市場構造に基づくパワーバランスによって，生・処・販のそれぞれの段階が十分な利益を得た上で，最終的には消費者に高い価格を負担してもらい，安全・安心な国産牛乳・乳製品を確保している。消費者もそれに不満を持っていない。筆者の研究室の学生（野尻彩加さん）のアンケート調査に，カナダの消費者から「アメリカ産の成長ホルモン入り牛乳は不安だから，カナダ産を支えたい」という趣旨の回答が寄せられた。

そもそも，カナダでは，生産コストの上昇の程度を政府が示し，それに基づいて，酪農家団体とメーカーとの取引乳価，メーカーからスーパーへの卸売価格，スーパーの小売価格が連動して引き上がる（または下がる）ことに，生・処・販と消費者が暗黙に合意している。我が国でも，酪農団体とメーカーだけでなく，難しいとされてきたが，小売店と消費者にも入ってもらった協議会をつくり，どういう指標に基づいて価格形成を行うかについて定期的に確認することによって，作る人，加工する人，販売する人，消費する人のすべてが持続できるような「三方よし」（売り手よし，買い手よし，世間よし）の牛乳を含む食品市場システムを築くことができないだろうか。「命を守る牛乳・食料を国民自身で守る」自覚が求められている。

引用文献

江川優太（2015）『日豪EPAが我が国の牛肉市場に及ぼす影響の計量分析―経済厚生は高まるか？』平成26年度東大卒業論文。

服部信司（2015）「アメリカ2014年農業法」『のびゆく農業―世界の農政―』1019-1020号。

堀田和彦（1999）「WTO体制下におけるF1による牛肉供給の可能性」『農業経営研究』35巻３号，pp.24～34。

Jミルク（2014）『今後の酪農乳業政策の推進に関する要請について』

木下順子（2014）「EUの酪農政策改革と生乳生産・乳業の動向―生乳クオータ制度廃止（2015年）を目前に控えて―」農林水産政策研究所編『平成25年度カントリーレポート―EU，ブラジル，メキシコ，インドネシア―』，pp.29～65。

小林弘明・金田憲和（2013）『平成23年度農林水産省委託事業　食料自給率変動要因調査報告書』社団法人食品需給研究センター。

生源寺眞一（2006）「英国酪農の現状と展望」『英国の酪農乳業とCAP改革』中央酪農会議，pp.31～46。

田代洋一（2016）『TPPと農林業・国民生活』，筑波書房。

矢坂雅充（2014）「イギリスにおける酪農生産者・量販店の生乳提携取引契約」『農村と都市をむすぶ』64巻６号，pp.33～41。

全国酪農協会・酪農政策ワーキングチーム［小林信一（座長），谷口信和，鈴木宣弘，並木健二，神山安雄，森剛一，馬瀬口弘志，今関輝章，三国貢］（2013）「日本酪農の危機打開のための緊急提言」。

執筆者紹介

鈴木宣弘（すずき・のぶひろ）
1958年三重県生まれ。1982年東京大学農学部卒業。農林水産省，九州大学教授を経て，2006年より東京大学教授。専門は農業経済学。日韓，日チリ，日モンゴル，日中韓，日コロンビアFTA産官学共同研究会委員，食料・農業・農村政策審議会委員（会長代理，企画部会長，畜産部会長，農業共済部会長），財務省関税・外国為替等審議会委員，経済産業省産業構造審議会委員を歴任。国際学会誌Agribusiness編集委員長。JC総研所長も兼務。『食の戦争』（文藝春秋，2013年），『岩盤規制の大義』（農文協，2015年），『悪夢の食卓』（KADOKAWA，2016年）等，著書多数。

牛乳が食卓から消える？
酪農危機をチャンスに変える

2016年10月11日　第1版第1刷発行

著　者◆鈴木 宣弘
発行人◆鶴見 治彦
発行所◆筑波書房
東京都新宿区神楽坂2-19 銀鈴会館 〒162-0825
☎03-3267-8599
郵便振替 00150-3-39715
http://www.tsukuba-shobo.co.jp

定価はカバーに表示してあります。
印刷・製本＝平河工業社
ISBN978-4-8119-0496-2　C0061